乡村振兴
和美乡村规划

◎贾丽霞 田芳 尚丹 谭鑫 等 著

U0306587

中国农业科学技术出版社

图书在版编目（CIP）数据

乡村振兴　和美乡村规划／贾丽霞等著 . --北京：
中国农业科学技术出版社，2024.7. --ISBN 978-7
-5116-6906-3

Ⅰ. TU982.29

中国国家版本馆 CIP 数据核字第 2024YT8188 号

责任编辑　倪小勋
责任校对　马广洋
责任印制　姜义伟　王思文

出 版 者　中国农业科学技术出版社
　　　　　北京市中关村南大街 12 号　　邮编：100081
电　　话　(010) 82105169（编辑室）　　(010) 82106624（发行部）
　　　　　(010) 82109709（读者服务部）
网　　址　https://castp.caas.cn
经 销 者　各地新华书店
印 刷 者　北京建宏印刷有限公司
开　　本　170 mm×240 mm　1/16
印　　张　12.25
字　　数　200 千字
版　　次　2024 年 7 月第 1 版　2024 年 7 月第 1 次印刷
定　　价　60.00 元

支撑项目

河北省农业农村厅科技推广项目"规划引领现代农业园区先进技术集成与模式推广"（冀农科 23066）

石家庄市科技计划项目"科技助力石家庄市乡村振兴典型案例研究"（235490035A）

河北省农林科学院基本科研业务费项目资助（2022KJCXZX-NXS-3）

河北省社会科学基金项目"人本视角下宜居宜业和美乡村建设基层需求与推进机制研究"（HB23SH030）

《乡村振兴 和美乡村规划》

主　　著：贾丽霞　田　芳　尚　丹　谭　鑫

副 主 著：马晓萍　王　莹　牛细婷　暴　磊
　　　　　及增发

著作人员：黄文豪　李志勇　李　佳　周　繁
　　　　　张利娜　蔡　宁　任晓溪　熊明芳
　　　　　胡文国　李　敏　黄　赛　许皓月
　　　　　王　博　黄腾飞

前　　言

党的十九大报告提出实施乡村振兴战略。扎实做好乡村规划工作对于全面推进乡村振兴、加快农业农村现代化具有重要意义，是解决"三农"问题的重要举措。乡村规划的实质是对乡村的经济、土地、建筑、基础设施、生态环境等多方面进行综合部署和安排，核心在于解决乡村振兴各方面需求。

党的二十大报告提出全面推进乡村振兴。全面建设社会主义现代化国家，最艰巨最繁重的任务仍然在农村。坚持农业农村优先发展，坚持城乡融合发展，畅通城乡要素流动。统筹乡村基础设施和公共服务布局，建设宜居宜业和美乡村。

《乡村振兴　和美乡村规划》一书以乡村振兴发展为背景，力求翔实梳理乡村规划发展的历程，对乡村规划的相关理论基础和方法进行归纳总结，对乡村规划的内容做了比较全面系统的阐述。本书在查阅了大量文献资料后，以其中一些重要理论为导向，对乡村规划进行更深入的研究，突出方法和内容，兼顾案例分析，以期为关心乡村的广大科技工作者、管理者和高校师生的研究学习提供参考，为乡村建设及乡村振兴工作作出积极贡献。

限于著者水平，研究还不够深入，书中难免存在疏漏和不足，真诚期望专家和同仁批评指正。

著　者
2024 年 3 月

目　　录

第1章　乡村规划理论基础

1.1　人居环境

乡村人居环境规划是为实现新乡村建设目标而采取的一种主要措施，其最终目的在于促进乡村的可持续发展。通过对乡村自然生态环境的改善、对传统地域文化特征的保护和弘扬，有序地推进人居空间活动。

1.1.1　基本含义

（1）乡村建设

在社会主义体制下，针对新时期的需求，对乡村进行全方位的经济、政治、文化和社会建设，以实现将乡村打造成经济繁荣、设施完善、环境优美、文明和谐的社会主义新农村的目标。我国目前正处于社会转型的关键时期，城乡差距大，乡村问题突出，这就要求加快社会主义新农村建设步伐，使广大乡村居民生活得更加幸福安康。在我国实现现代化的进程中，乡村建设是一项具有重要历史意义的议题。乡村建设不仅是一个经济问题，也是一个政治问题，还是一个涉及方方面面的复杂的系统工程。为了实现乡村经济社会的协调发展，推进农业现代化，深化乡村改革，发展乡村公共服务，不断提升农民的增收能力，必须积极探索新的乡村发展路径。因此，乡村建设的关键是人的全面发展，而不是简单地使乡村人口向城市集中。乡村建设的核心在于推动新兴产业的蓬勃发展，促进新村镇的全面建设，提升现代化设施的水平，培育更多的新型农民，以及树立崭新的社会风尚。为了提升乡村居民的生活品质，对其居住空间进行科学规划，新型乡村社区应运而生；同时也是在原有村落和集镇的基础上建立起一个更加完善的城乡一体化体系。乡村基础服务设施的升级与改善，包括但不限于清洁安全的生活饮用水、道路交通、电力电信网络以及农业基础设施等方面的建设。

（2）人居环境

第一个与"人居环境"含义相吻合的观念是道萨迪亚斯于1968年出版的《人类聚居学》中首先提出的。在他看来，"居住是指任何形式的，任何可以被直接利用的，在这个星球上存在的物质的环境；人的居住活动既涉及物质居住地，又涉及生态环境；人的群落包含着人和人的行为形成的社会。"在吴良镛院士的著作《人居环境科学导论》中，他对"人居环境"的界定是："人类居住和居住的区域，是与人类的生命活动关系紧密的地面区域，是人类在自然界中活动的基础，也是人类利用和改造自然的重要场所。根据对人们生存活动的功能作用和对人们生活产生的影响的不同，在空间上，人们还可以把人居环境进一步划分为两种类型：一种是生态绿地系统，另一种是人工建筑系统。"从宏观角度来看，人类生存空间的运作可以分为四个层次：物质层次、行为层次、制度层次和文化层次，并层层向纵深发展。而狭义的"住区"，强调的是"物质性"，即指与住区相关的物质性因素和住区的空间类型。吴良镛院士用系统分解理论，从内容上将人居环境划分为五大系统。

①自然系统。是人们赖以生存的地方，包含了气候、水、土地、动植物、地形、资源等自然环境和生态环境，这些都是人们聚集在一起的原因。

②人类系统。人既是改造自然的人，也是构建人类社会的人，既有物质需求，又有精神需求。

③社会系统。社会包括个人与群体两个方面。社会是人类在相互交

往和共同活动的过程中所形成的各种相互作用，包括但不限于公共管理和法律、社会关系、人口趋势、文化特征、经济发展、健康和福利等多个方面。社会系统包括政治、军事、经济、教育、科技等方面内容。

④居住系统。居住系统指人与外界交流沟通的场所及其空间形态。人类系统和社会系统等需要利用的居住物质环境和艺术特征，主要指住宅和社区设施等，以满足其居住需求。

⑤支撑系统。包括建筑和城市公共空间在内的所有构成要素，它们都属于支撑系统的范畴。该区域的基础设施涵盖了公共服务设施系统、交通与道路系统、通信系统以及实物环境规划等多个方面，为人们的居住提供了全面的基础设施支持。

1.1.2　乡村人居环境

乡村的居住环境是由自然生态、地域空间和文化等多个因素共同构成的，这些因素的质量直接影响着农民的身体和心理状态。因此，要想实现乡村社会经济可持续发展，就必须对乡村居住环境进行全面而深入的分析研究，从而制定出科学有效的措施来改善乡村居住环境。乡村人居环境的物质基础平台是由自然生态环境所提供的自然资源和自然条件所构成的，这些资源和条件是人类发展所必需的。在当前乡村城镇化进程中，由于人们的生产、生活方式发生了改变，导致乡村居住环境发生退化，甚至有些影响了居民的健康和安全。经过调查研究，当前乡村居住环境的建设未能完全满足农户的物质和人身安全需求，一些乡村的选址不当，导致处于山洪、泥石流的暴发风险之中，这些问题已经成为乡村发展的瓶颈。乡村地区生产和生活所需的物质和非物质的有机结合，构成了乡村人居环境，其功能的转化和演化遵循着内在的规律。

目前，我国大多数乡村工业化基础薄弱，乡村人居环境呈现出明显的地域差异性特征。由于政策、利益和人为因素的影响，我国乡村人居环境体系的功能亟待提升，尽管一些乡村已经进行了布局和城镇规划等方面的工作，但由于缺乏有效的规划体制，导致乡村区域的地理空间环境对人类居住产生了一些不利的影响。另外，由于历史原因，许多乡村地区形成了一种特殊的文化景观，这种独特的地域风貌也成为城市现代化过程中不可忽视的问题。随着城市化进程的加速，以"乡村"为代表的传统聚落文化、共同体意识和人际纽带为特征的新型都市要素正在逐渐淘汰和消失，多元化的乡村区域文化也面临消失的挑战。同时由于工业化和城镇化的快速推进，大量乡村劳动力涌入城市，导致城市人口急剧增加。随着城市化的不断推进，乡村居住环境正处于转型的发展阶段，一些文化生态环境遭受了破坏，许多独具特色的乡村失去了生机，只有极少数被列入全国或省级的文物古迹和古乡村得到保护，而更多乡村的"文脉"难以得到保留（马小英，2011）。

1.1.3　和美乡村规划

和美乡村规划是实施乡村振兴战略的重要任务。从"农村现代化是建设农业强国的内在要求和必要条件，建设宜居宜业和美乡村是农业强国的应有之义"的提出，再到新时代把乡村建设摆在现代化建设的重要位置，建设宜居宜业和美乡村，让农村具备现代化生产生活条件，让亿万农民在发展中更具获得感，是党中央对中国特色社会主义建设规律认识的深化和升华，和美乡村规划应秉承其原则。

（1）独特性原则

因为乡村的特殊性，以及乡村定义的差异，导致了它的存在形态多种多样，遵循的是各种各样的人文风情，依附的自然纹理也各不相同，但是，规划自身就必须与这些具体的环境以及村民打交道。因而，乡村的这种个性化特点，造成了其设计内容参差不齐，没有一张设计图可以适用于所有乡村。乡村人居环境是建立在已有的"自然演化的元素"基础上进行规划设计的，无论是从规划理论、设计理念还是设计技巧来说，都与城市有着很大的区别，因此，不能将城市规划的理论和方法一概而论。也不能盲目照搬，而是要根据我国乡村的实际状况，去吸取、去借鉴、去总结。

（2）微观性原则

乡村人居环境规划是与村民的生产和生活习性、经济运转方式、民俗风情、色彩喜恶、住宅建设要求、域内优劣势情况、人与自然的共处之道、村域内的生态环境等紧密联系的微观而又现实的关键因素。在这个世界上，没有两个乡村是一模一样的，这就要求在面对特定的乡村时，要对乡村人居环境五大系统中的细节进行深刻的认识，要对目前和即将实施的规划所产生的对乡村这个有机体的影响进行全面而深刻的调查，进而创造出在特定地域环境下，最理想的乡村人居环境规划方案。此外，从技术的角度来看，因为乡村居住环境的设计直接面对的是一些微小的、多个维度的问题，所以需要对各个学科的技术进行整合，其中既有传统的，也有非传统的。

（3）和谐持续性原则

"和谐持续性"指的是乡村各种人居环境体系及其主体的运行与发展，都要在一代人之间，寻求平等、共同性、互助合作的发展。在不损害下一代需求，且满足他们需求的前提下，对这些需求进行了多项生命进程的计划和设计，按照客观的生命法则，通过规划的方式，让乡村的居住环境既舒适又可持续发展（刘金梁 等，2014）。

1.2　城乡统筹

1.2.1　城乡统筹的概念

城乡统筹是在城乡间构建和谐发展的基础上，以综合的方式促进城乡经济、社会和文化的发展。城乡统筹旨在通过实施城乡一体化发展，减少城乡之间的差异，改善乡村和城镇居民的生活品质，从而推动整个国家的经济和社会的和谐发展。城乡一体化建设的核心是乡村基础设施建设，乡村产业发展，乡村社会事业发展，乡村公共服务均衡。

1.2.2　城乡统筹的作用

一是对城市和乡村进行规划和建设。也就是要改变城乡规划分割、建设分治的现状，将城乡的经济和社会发展统一融入政府的宏观规划中，从而使城乡之间的发展更加和谐，推动城乡之间的互动，最终达到共同繁荣。按照经济和社会的发展规律，统筹城乡，实现小城市的有序发展和小城市的渐进式迁移。重点是对城市和乡村的工业发展进行综合规划；对城市和乡村的土地进行规划，使建设、居住、农业和生态的土地合理布局；对城市和乡村的交通运输进行统一规划，建立健全交通运输系统。在乡村基础设施建设资金不足的状况下，政府要动员并指导各方力量，重点加大对乡村道路、交通运输、电力、电信、商业网点设施等基础设施的投资力度，加快提升乡村与城市之间连接的硬件设施。将社会共享型的基础设施作为重点，将其服务的范围、服务的领域和受惠者加以扩展，使乡村居民也可以享受到城市的基础设施。

二是工业开发与城市、乡村的协调发展。通过城镇化来提高城镇化发展水平和发展速度，促进和加速城镇化率，推动乡村劳动力向二、三产业的迁移，乡村人口向城镇聚集。通过构建"以城带乡，以工带农"的发展模式，推动乡村产业集聚，乡村人口集聚，乡村土地集聚，乡村基础设施集聚，乡村公共服务集聚，乡村文化集聚等系列集聚效应的最大化，从而促进乡村经济的发展。

三是建立了城乡一体化的经营体制。要打破城乡二元经济社会结构，对在制度上和政策上存在的城市偏差进行矫正，要对农民的权益进行保障，构建起一个与乡村地区一样的劳动力就业制度、户籍管理制度、教育制度、土地征用制度、社会保障制度等，要让乡村地区的居民拥有同等的发展机会、完整的财产权益和自由的发展空间，要遵守市场经济和社会发展的规则，推动生产要素在乡村地区的自由流动和资源的最优分配。

四是对城乡居民的收入分布进行了协调。按照不同的发展时期，对国家的收入分布进行合理的调节，扭转城镇居民收入分布的偏颇现象，增加"三农"方面的资金投入，加速乡村公共福利事业的发展，构建乡村公共服务体系，把乡村公共交通、环境保护和生态环境等公共服务纳入国家的预算之中。

1.2.3　城乡统筹策略

（1）乡村基础公共服务布局均衡

通过对城市化进程与乡村地区离散聚落所造成的生态环境破坏进行对比分析，发现城市化进程所造成的生态破坏最小，在城市化进程中的乡村人口分散聚居，农牧交错等对植被的破坏所造成的生态问题是最严重的。国际、国内的实践也证明，在一个不发达的、落后的区域，乡村居民的生活越是分散，农户就越是会对其进行更多的掠夺性的利用，从而对其造成更大的损害。因此，在统筹引导乡村分散人口集聚的前提下，乡村分散人群对乡村基础公共服务的需要，不能单纯以现有聚落人口数量来确定乡村分散人群的数量，而是要从乡村的经济发展情况、农业资源状况、人均资源拥有率等方面对乡村分散人群进行综合评估，并与城市人口发展趋势相联系，从而确定乡村分散人口与城市人口数量之间的相互影响。通过全面考虑散居人口的分布情况，科学规划大中型乡村和小型乡村，为实现乡村地区基本公共服务体系的平衡提供优质环境，确保各项基础设施和公共服务设施的完善落实。

（2）多层级编制规划

在计划经济时代，规划是对计划的延续和对空间的落实，其目的在于为项目提供服务。改革开放以来，随着市场经济体制的建立，我国经济建设进入了新阶段，城市规划也逐步由单纯的编制、审批型向提供决策支持为主转变，成为国家宏观调控体系中的一个重要组成部分。然而，在市场经济的背景下，由于投资主体的多元化和工程建设的不可预测性，工程建设所面临的挑战异常严峻。因此，如何有效地进行城市规划管理，引导建设行为符合社会经济可持续发展需求就显得十分重要了。为了实现从以发展为主导的规划向以资源为主导的规划的转型，需要从空间要素控制的角度出发，以城市和乡村的空间要素配置为切入点，加强对特定工程的规划控制和管理。通过整合各专项规划的空间管制政策，实现城市、镇、乡、村规划的多层次、全覆盖的空间管制分区，并结合规划对生态环境、资源能源、历史文化和土地利用分区以及市政基础设施综合廊道等方面的要求，划定已建区、适建区、限建区、禁建区的四个区域范围，依法统筹划定各类禁建区和限建区，以协调各类规划的空间发展底线。同时，在已建成区内合理划分生态保护区和缓冲区，并制定相应的保护措施。为了促进各级各类主管部门在各层次空间管制方面的协调，必须明确各个分区的范围和面积，并制定相应的管制要求和措施。

（3）集约节约利用土地

乡村规划是一种空间规划，核心在于在特定的建设用地总量约束下，实现乡村建设用地的空间资源最优分配。

乡村居民点集聚度是乡村居民生活品质的一个重要指标，适当集聚可以缩小乡村居民间的差距，从而提高乡村居民点的吸引力。乡村的基础民生建设需要保持在某种程度上，目前，乡村居民通过进城获得与城镇相近的基础民生建设，从而获得更好的生活品质。与城市化程度相适应的人口指数，可以使用乡村居民"集中度"来描述乡村生活空间，并根据这个指数来设定乡村居民集中生活的比率，从而在实施乡村规划时，引导乡村人口与土地面积的合理选择。因此，"集中度"指数也是一个很好的衡量标准，可以用来形容乡村地区人民的生活水准。在制定乡村居住"集中度"指数时，要通过对乡村居住状况的研究，充分认识乡村居住发展需求，遵循乡村居住空间流动的基本原则，科学界定乡村居住空间的大小，并依据乡村的社会发展状况、人均生产资料及农业生产力发展程度等，通过对乡村发展阶段的横向对比，制定乡村居住空间"集中度"指数。城乡规划所能处理的仅是在规划期限之内，以某种集中程度为导向的乡村聚落的规划问题。

1.3　区位理论

城市化是人类发展到一定程度后，必然要经历的一个过程。随着经济的快速发展，城市化进程也在不断加快。我国城镇化发展过程中出现了一系列问题，如人口城镇化速度快，土地城镇化速度慢；"城市病"突出；生态环境恶化等。在当前中国处于城市化发展的重要阶段，对全球各国城市化进程的模式进行系统梳理，汲取各国城市化发展的经验和教训，并根据中国的实际情况进行系统性的顶层设计，从而开辟一条适合中国城市化发展的道路，是一种明智的选择。

1.3.1　基本理论与实践

（1）中心地理论及其实践

1933 年，德国地理学家克里斯塔勒首次提出了"中心地理论"。根据这一理论，一个核心地区是一个中央的城镇或聚落，它可以为周边地区的居民提供各类商品和服务。在城市中心地的生成中，市场、交通和行政三大要素对城市中心地的生成起着重要的作用，其影响程度也不尽相同。中心地的等级和规模是由其服务区域的范围所决定的，因此一个较大的中心地通常包含多个比其低一级的中心地，形成了一个城镇网络体系，这些中心地在空间上有规律的分布，并相互关联。英国在 20 世纪 50—70 年代，针对乡村土地贫瘠、公共服务设施利用率低下的现状，采取一系列措施，将住房、就业、公共服务等设施向中心村集聚，强化乡村区域内的居民集聚，并形成规模经济。英国的"中心村"在推动英国乡村地区的发展过程中，使乡村地区发生了翻天覆地的变化。以色列以"中心地"为基础，建立了以社区为核心的乡镇空间格局，即每一个乡村80个住户，6~10个乡村围绕一个乡村服务中心。乡村地区的服务中心在经济和社会的发展过程中呈现出明显的分散性，由乡村地区中心和地区中心组成由低到高的分布网络。乡村社区为村民提供基本的生活、生产等方面的服务；区域中心除了向当地的居民进行一般的生活活动外，还设有社会团体、文化设施、商业等；而地区中心以公司为主，覆盖范围更大。

（2）田园城市理论及其实践

田园城市理论是一种城市规划和发展理念，旨在通过将城市与乡村结合起来，创造一种融合了城市便利性和乡村宜居性的新型城市形态。田园城市理论强调城市和乡村之间的融合与互动，通过整合城市和乡村资源，实现城乡经济社会的协调发展。田园城市理论注重生态环境保护，倡导绿色发展理念，通过保护自然资源、生态系统和生物多样性，实现城市和乡村的可持续发展，包括保护农田、森林、湖泊等自然资源，减少环境污染，促进生态平衡。这种融合可以缓解城市过度拥挤和资源过度消耗的问题，同时提高乡村的发展活力。

（3）公共设施区位理论及其实践

与以往以节约运输费用、实现成本最低或收益最大为核心的选址准则不同，1968年，美国学者迈克尔·泰兹（Michael Teitz）在其著作《走向城市公共设施区位理论》中指出："公共服务与私营服务的选址有着本质的不同，选址决定必须兼顾效率和公平性，并着重于服务对象利益最大化。"在此基础上，提出了一种基于"可接近性"的城市公共服务空间布局优化模型。第二次世界大战之后，美国的都市计划家们依据"公共服务空间位置"的概念，开始在近郊区进行新的住宅区的设计与建造，如新的小区占地6~7亩（1亩≈667平方米），距离周边服务设施 500 米左右。在对设施选址的问题上，规划者采用了均衡使用土地和多样化的运输模式的方式，集中居住、工作、购物、娱乐等场所，降低了对运输工具的依赖性，极大地减轻了道路上的交通拥挤问题，为人们创造了一个更加便利、更加舒适的居住环境。

1.3.2　乡村建设启示

（1）协调城乡建设

运用功能分工和行政区划调整，建立层次分明、产业相互关联的区域村镇体系，包括中心城市、中心镇、中心村和农业社区。在城市的规划与建设中，必须加强城市的工业与人口的聚集，对生活及生产的配套设施进行不断改进，从而形成聚居地。对城市周边广阔的地区，进行合理的用地分区以及现代化农业的开发，实现农业规模化、工业化。

（2）强化乡村公益事业

乡村的规划和建设既要有国家的有力扶持，又要有广大村民的主动参与，二者缺一不可。在此基础上，首先，政府应当制定一份全面的区域发展规划，同时制定一份全新的乡村建设计划，并确保其顺利实施。其次，建立完善的制度体系，以确保经费筹措、规划执行和监管等方面的制度保障得以有效实施。最后，提供经费和技术上的支援。与此同时，在乡村的规划和建设中，也要将当地民众的参与热情激发起来，用政策的民主化来提升政策的科学性和透明性，要始终以人为中心。

在生态环境建设方面，由于土地面积的不断扩张，乡村地区所产生的生产和生活废水以及废弃物，一直依赖当地环境的承载力进行消纳。随着社会经济的不断增长，人口与资源之间矛盾日益尖锐，为了满足人们日益增长的需求，实现可持续发展的目标，必须对原有的生产方式进行调整和优化。另外，由于乡镇企业对环境污染治理力度不足以及缺乏有效的监督手段，导致一些污染物进入环境中，从而给农民群众造成危害。因此，为了实现乡镇的生态环保目标，必须建立一套完善的废水和废物处理系统，并加强当地居民的环保意识，同时加强环境治理工作。

（3）优化公共服务设施配套

长期以来，基础设施和公共服务在城乡之间的分配不均衡，导致了城乡二元结构。近年来，随着国家财力投资的加大，乡镇基础设施和公共服务都有所改善。在乡镇的规划与建设中，怎样合理地运用好乡镇的财力资源，发展基本公共建设，又不至于造成不必要的经济损失，就成了一个值得探讨的问题。从"公共事业空间布局"的角度来看，我国的城市公共事业发展必须考虑到"公平"和"效率"两个方面。在资源分配上，以资源投入最低为目标，以提高资源的使用率为目标，在满足不同需求的基础上，结合不同的资源分配方式，保证资源有效利用。应该遵循"可及性"的基本原理，尽量在有限的里程范围内，使用户能够得到最大的覆盖面，使居民能够更容易地获得这些服务。美国城郊新居住区的构建证明了城市基础设施的可达性仍然是衡量城市基础设施布局优化的有力手段（高坊洪 等，2014）。

1.4　内生发展

1.4.1　乡村内生发展内涵

内生发展指的是以内在因素和资源为依托，以人的需要为指导，培育以自身为核心的成长能力，在重视文化和生态的前提下，把整体利益最大限度地发挥出来的"自我主导性"发展方式。内生发展着重强调了地方发展不被外部因素所支配，但是却不是封闭的自身发展，而是与外界有一定的沟通和关系，不会对外力产生排斥作用。就乡村发展而言，其主要内容可以归纳为四个方面：一是把本地的资源转化为交换价值，从而吸引资本和人才等外来因素。二是地方资源的发掘和开发。乡村经济增长的一个重要特点就是以本地的资源为基础来产生经济增长，其实现经济增长的方式就是对资源的开发和使用。三是通过工业多元化促进区域经济发展，彻底改变以往单一的工业发展方式。四是激活乡村活力，促进村民全面发展，通过内生性的发展方式，极大地激发村民对乡村发展的热情，从而增强乡村活力，构建新的乡村发展模式。

1.4.2　乡村内生发展特征

（1）主体回归与参与

"本土化"的发展并不过分依靠外来动力推动，更注重地方对乡村的引导发展。同时，乡村居民对乡村的亲近感和对乡村权益的保护，也是乡村居民应该积极参加乡村建设和发展的一个重要因素。所以，在乡村的"内生性"发展中，以农民为主导的发展模式是其发展的核心。在生成收益的层次上，内生发展要求的是一种与发展主体的愿望相一致的发展模式和分配制度，它着重把地区发展带来的收益保持在本地，让发展主体作为一个最大的受益者。因而，农民既是乡村发展的推动者，又是乡村发展的受益者。但是，这并不意味着乡村的发展就会与城市和其他的外界环境相分离，而是要在确保乡村发展和利益要以农民为主要对象的前提下，对外部资源进行有效利用。

（2）产业多元与关联

当前我国很多乡村在城市化过程中，都面临着乡村经济衰退的问题，其中一个主要的因素就是乡村工业过于简单，难以支持乡村经济的可持续发展。乡村的内生发展着重于以乡村原有产业为基础，深度挖掘地方资源，将产业链进行延伸，拓展产业种类，转变传统的单一产业形态，构建出能够让大多数利益回到地方的产业联系。

（3）生态重视与保护

在乡村经济社会发展中，生态环境的维护是乡村经济社会发展的一个重要方面。生态环境与人民的生存息息相关，离开它，乡村的发展就不可能长久。所以，乡村的内生发展是以保护环境为前提的，以维持生态的多样性和优良的居住环境为前提，从而保证乡村的高质量、可持续发展。

（4）文化挖掘与传承

文化是一种宝贵的区域资源，它既是乡村特有的要素，又是构建乡风的重要要素。文化所具有的历史价值、经济价值、社会价值和美学价值等特点，使其可以对要素、资源等进行转换和吸引，从而创造出经济和社会效益，促进一个内生的发展进程。而要使其真正起到应有的功能，就必须对其进行深入的发掘，进行合理的规划建设和保护。

（5）治理民主

乡村"内生性"发展的一个重要方式和特点是：健全乡村居民的参与、建立高效的乡村基层组织、建立"自底向上"的乡村社区治理体系（杨瑾，2022）。

1.4.3　乡村内生发展内容

（1）开发目的

乡村发展的内在目标包括三个层面，即主体发展、资源合理利用和综合效益。以主体的发展来促进对资源的合理使用，进而促进经济、社会和环境综合效益的形成，而经济、社会和环境效益的形成反过来也可以促使主体的发展和回归，最终形成个人和资源综合发展的良性循环，促进乡村的内生和可持续发展。

（2）基本要素

乡村内部发展的合理构架、内外部的合理利用和乡村整体利益的实现是乡村内部发展的重要内容。乡村经济发展的内在动力是政府、村民和企业等利益相关者，在这一过程中，要以农民为发展的主体。乡村发展动力的主要来源是乡村内在特性，乡村的外在来源则是补充。

实现乡村"内生性"发展，需要村民、政府和企业以创新的思维和行为来推动乡村的发展。通过政策、教育和培训等方式，提高村民和企业的参与程度。地方公司在解决农民就业问题的过程中，激发了农民的积极性，提高了农民的生活质量。而乡村居民则是乡村社会发展的内在动力，他们在乡村社会中发挥着重要作用。

以保持原汁原味的自然生态和传统文化为前提，以本土资源和优势为依托，合理运用自然、文化、人才和资本等资源，挖掘自身潜力，提升竞争力，并以此为契机，引入外来资源。最终，运用以本地居民为主体的内生发展动力，对内外多要素资源进行科学合理地使用，从而实现经济、社会和环境效益的协调发展。

1.4.4　乡村内生发展优势

（1）自身优势

一是推动区域内的经济流通。内生发展特别重视对区域内的资源、技术要素的发掘，从而延伸产业链，使经济产业向多元的方向延伸，以规避单一产业所造成的负面效应。与此同时，要尽量将其在当地的收益增值保持下来，让当地的居民可以分享到发展的结果，这样就可以防止发展的经济效益被他人占用。最后，将区域发展所得到的经济收益再分配到当地，从而形成一种有效的、可持续的经济发展方式。

二是促进了农民的主动参与。农民是乡村经济社会发展的主要实施主体，其自身的主动性和参与程度是乡村经济社会发展的内在要求。在开发的过程中，要立足于当地的资源、产业、技术等优势，发掘乡村特有的资源，将当地农民的愿望付诸实施，从而制订出一个与乡村可持续发展相适应的规划。而"内生性"则是指以符合农户需求的"奖励机制"，使农户参与到新乡村的开发和建设中来。乡村内部发展的另外一种特点就是把所获得的经济效益分配到当地，让农民受益，这样就可以让更多的农民加入乡村的建设中来，从而达到一个良性的循环。

三是乡村社会性资本的培养。对于乡村来说，社会资本是一种在乡村社会关系中可以自由分配的所有社会资源的统称，它是处于乡村社区内部的个人和组织，通过建立与内外部对象的长期联系所形成的一种互惠的身份认同关系，同时也是这种身份认可的基础。作为促进乡村内生发展的一个关键环节，社会资本可以提高乡村居民参与乡村建设的热情，节省乡村治理的费用。有关研究显示，乡村聚集的社会资本越多，则意味着更多的人与人之间的交流，产生更多的生活联系，这有助于提高乡村的总体发展水平。另外，乡村的社会资本水平与其经济发展也有很大的关系，越是经济发展好的乡村，其积累的社会资本就越高，从而带动整个乡村的经济发展。"内生性"发展使发展主体主动参与地方活动中，在这个过程中，农民之间的关系和协作更加紧密，进而从整体上提升了其社会资本量。

（2）相对有利条件

外生式发展是以引入工程、资本、技术为主要手段，来追求自身发展的一种发展方式。"输血式"开发和"嵌入式"开发是一种外源性开发，在区域发展中过多重视外部，而非注重自身的发展，不能在区域内形成一个可持续发展的势头，这对区域的长期发展是不利的。与大城市的发展条件相比，落后地区在经济、技术、人才等方面都存在着不足，因此不适宜将大城市的发展模式完全照搬过来，而更适合于从现实出发，充分发挥当地人的主观能动性，以当地的资源优势为基础，积蓄积极有效的内生动力，寻找一条与自身发展相匹配的内生式发展道路。与以往的外生性发展模式相比，它在主体上、经济上、文化上、资源环境上、治理上都有明显的不同。

从发展的主体和参与方的视角来看，外生性的发展主要是由外来的企业和政府以及外来的资金所主导，而本地的发展势力则是次要的。当地的居民组成了"内生性发展"，其中包括当地企业、乡村集体经济，他们更注重于乡村本身的发展能力和造血机制。

从利益者的观点出发，内生发展理论认为，社会中的剩余财富应当在各个地区得到平衡分配。在地区内开展教育、文化、福利等方面的工作，让农民得到长远的利益。与之相反，外生发展是指由营利性组织投入资金等，在某种情况下，某些营利组织会将获取的利润向更便宜、便捷的地区转移，从而导致原来乡村地区的发展停滞。

从行业的视角来看，内生性增长更多关注于本土可持续发展，创造的增值则回归本土。而外生性的发展方式，往往是依赖于外部行业和外部资金的涌入，这就造成了一种很难维持的发展方式。

在文化层次上，"本土化"发展模型将最大限度地挖掘、保护和合理使用地方传统文化，使地方文化对乡村本土化发展产生正面影响。

在环境层次上，基于环境保护的"内生性"发展，更多地关注本地人的生存品质和可持续发展；而在"外生性"发展中，则表现为对乡村地区资源的掠夺，造成了对乡村地区的某种程度的破坏。

第2章 乡村规划方法

2.1 乡村规划原则

针对不同的设计对象和区位等因素，乡村设计需要具体问题具体分析，但其普遍原则在乡村规划中具有普适性。

2.1.1 系统化规划

（1）尊重自然，融合自然元素，彰显区域独特的环境特征

在乡村规划中，必须以维护村落及周边地区的生态环境为首要原则，同时，必须确保自然环境和生态系统的协调稳定。为了创造一种人与自然和谐相处的环境设计，需要创造出一种与自然环境完美融合的人工环境。因此，必须从生态角度出发进行规划设计。在设计过程中，必须充分考虑自然环境的完整性，充分利用自然条件和保护自然生态环境，将人工环境和自然环境有机地融合在一起，以促进人与自然之间的和谐共生，从而创造出一个优美的生产和生活环境。同时还应重视对自然资源和人文资源的开发利用，使其为人类服务，造福于社会。为了保持人与自然空间的连贯性，必须营造一个优美的乡村生态环境。

（2）充分利用土地资源，实现高效、协调的资源利用

需要建立完善的农村宅基地管理规范和实施措施，以政策保障乡村居住空间和农业农田的协调共生，合理利用土地资源，充分挖掘原有用地的潜力，严格控制农田占用的行为，弥补和治理大量平地建房、侵占

农田所导致的生态破坏等恶性后果。通过制定科学合理的规划方案，使其符合乡村经济发展水平和社会进步要求，满足人们生产生活需求。在乡村规划设计过程中，应以高效和谐的态度推动土地综合利用效率的提升，设计时应根据不同路段土地的不同使用功能，追求土地价值的最大化，在配置农宅占用时应根据农民的从业人员、总户数、性别占比等情况具体分析，并谨慎对待每一寸土地资源。

2.1.2 演绎乡村风貌

乡村设计应当深入挖掘乡村聚落所蕴含的民俗文化内涵，并关注地方与人类之间的互动关系，以展现乡村文化环境的独特魅力，关注人类体验，体会其历史文化脉络。

（1）因地制宜、分门别类

乡村建设应适应地方经济发展水平、融入地方人文风情、结合广大农民特定需求，根据地区划分、确定目标任务、合理布局公共基础设施、规范基本公共服务，不搞"一刀切"，不搞"空心村"的无意义投入，避免浪费。

（2）以人民为中心的方针

在当代社会，以人民为中心的理念已经深入人心。城市是人类居住、生活的主要场所。在城市规划和设计中，以满足人类需求为出发点，创造一个宜人的高品质空间环境，这是设计的首要准则。它不仅是一种理念上的追求，而且具有一定的实践价值。因此，城市空间设计必须从人的行为出发来研究空间的形式与结构。空间的形态和内容，是由活动要求所决定的，这种要求进一步确立了其作用。因此，建筑规划与建筑设计是相辅相成、缺一不可的两个方面。为使空间环境尺度、设施和气氛等特殊功能需求和人类活动需求相适应，从而为人们在空间中活动和参与大量社会和娱乐活动创造一个良好的环境，现代村落建筑应该具有一定的文化内涵和历史积淀。在设计过程中，必须全面考虑使用者的物质和精神需求，精心选择和运用现代化的设计方法和要素，以创造一个优美、便捷的生活环境，从而让村民感受到场所和安全的满足。

（3）循序渐进原则

新乡村建设中要遵循建设的基本规律，新乡村建设应有足够的时空和足够的历史耐性，就是要考虑"久"与"静"的问题。以财力可持续为前提，以农民可承受为前提，不逾越发展阶段进行大融资、大拆建、大发展，必须时刻守住债务风险，防范化解底线。

2.1.3　历史传承与保护

（1）对传统聚落空间形态进行检验

在乡村聚落中，最主要的特点是建筑间的组织关系、精致而又别具一格的外部环境和丰富的公众活动空间。传统聚落具有丰富的空间形式，这不仅是建造的依据，更是创作的源泉，因此在进行改造与建设时，必须对其自身的特点与规律有深刻的认识，以便进行后续的保护与开发。在构建传统聚落的空间结构时，应遵循"风水"的理想模式，以宗教礼制为理念，合理安排乡村的公共空间秩序，有的地区可能会根据宗族地位对房屋空间进行划分。在摒弃封建制度和落后迷信的陈旧观念后，可以深入挖掘聚落建设中所蕴含的内在文化遗产，即：对待自然环境的人工态度，以及人与人之间相互维持、相互依存的社会秩序，这些在当今社会中都具有重要的价值。

（2）适应形式美感规律的要求

乡村规划设计过程中所涉及的每一个细节都体现着设计者对艺术规律的把握程度和审美能力。具体呈现为：整体与变化的统一、尺度与比例的协调、和谐与对比的平衡，以及个性与共性的平衡。乡村规划设计的成功与否，不仅取决于其内在的整体性，更取决于其对所处地域产生的积极影响是否得到充分发挥。因此，必须将乡村建设置于当地的自然环境之中。为了确保基地内外空间、交通流线、人流活动和乡村景观等与特定地域的环境相协调，必须高度重视空间设计对象的形成与周边物质要素之间的紧密关系。

2.1.4 物质生活空间更新建设

（1）自然更新原则

自然界里，生物体受内部秩序和规律调控，以代谢方式适应外界环境变化和自身发展。建筑学上，吴良镛先生根据北京旧城规划和建设的研究得出城市单元和城市结构如有机体在不断更新。所谓"有机更新"是指按照更新的内容与要求，使用合适的规模与尺度，只有将众多相对完整的建筑有机地组合在一起，才能改善北京古城的整体环境，实现乡村聚落建设过程中新旧建筑的相互协调和有机更新，每一次建设都应尊重乡村聚落原有形态，从而体现历史传承与整体和谐。

（2）建构动态性的基本原则

在乡村建设中需要重视乡村的保护与更新。规划设计是一个复杂的过程，要求规划能够灵活地反映影响开发的各种要素的变化情况，并通过规划有效地引导客体进行健康、有序地开发。在我国传统村落中普遍存在着"人定胜天"思想的束缚，使村落聚落缺乏灵活性与适应性，不能适应现代化社会快速变迁带来的挑战。当现代文明和外来文明相互碰撞时，村落聚落的发展受到随机规律的限制，因此村落必须展现出对动态发展的适应性，以确保村落规划设计的可持续性和可操作性。在设计过程中，必须全面了解当前的环境状况，并对未来的发展作出客观的预测。从宏观上整体把握布局及建筑形态，避免局部破坏或重复。将近期与远期相互融合，因地制宜合理选择适宜的建筑类型及结构体系，从而体现可持续发展理念。为了适应长远发展的需要，加强近期建设规划设计的整体性，全面权衡短期和长期利益的辩证关系，以动态方式保护乡村物质和非物质遗产，并妥善处理"自上而下"整体性规划和"自下而上"随机性演化的关系。以总体规划原则为指导，恪守随机演化的客观真实性原则。针对不同时期乡村空间形态特征及功能需求变化，提出相应规划策略，以期对当前乡村人居环境改善有所启发。遵循区域产业和乡村经济发展相协调的原则，乡村空间规划设计应以区域视角为基础，深入分析乡村的经济发展前景，协调好乡村本身的经济发展和区域经济关系，并结合乡村在区位、交通、资源和环境方面的优势，从宏观层面为乡村经济发展定位、定性。乡村公共空间设计应充分考虑村民需求特点及偏好，对村容进行综合整治，使之满足村民生产、生活、休闲娱乐需求。同时公共服务设施的设计也要考虑到服务设施设备以及农民生产培训，农宅的设计也要重视家庭经济发展的潜力，将家庭空间的发展与空间规划相结合，从而推动乡村经济的发展（赵红玲，2021）。

2.2　乡村规划的构成要素

乡村规划的构成要素涉及基础设施、住房、公共服务设施、产业、生态环境、文化风貌以及社会组织形态等多个方面。这些要素相互关联、相互影响，共同构成了一个完整的乡村规划体系。通过科学合理地规划这些集合要素，可以促进乡村的全面发展，提升乡村居民的生活质量，实现乡村的振兴和繁荣。

乡村土地利用规划：确定乡村内各类用地的布局和用途，包括农田、林地、草地、水域、建设用地等。这有助于确保土地资源的合理利用，保护农业生产和生态环境。

乡村基础设施规划：包括道路、桥梁、供水、排水、电力、通信等基础设施的建设和布局规划。这些设施是乡村发展和居民生活的基础，必须合理规划，确保其覆盖广、质量高、运行稳定。

乡村住房与公共服务设施规划：规划乡村居民的住房布局和风格，同时考虑学校、医院、文化活动中心、商业设施等公共服务设施的布局。这些设施的建设有助于提高乡村居民的生活水平和幸福感。

乡村产业规划：根据乡村的资源禀赋和市场需求，规划农业、林业、畜牧业、渔业等产业的发展方向和布局。同时，鼓励发展乡村旅游、特色农产品加工等新兴产业，促进乡村经济的多元化发展。

乡村生态环境保护规划：对乡村的生态环境进行保护和修复，包括森林、水源、湿地等自然资源的保护，以及污染治理和生态修复工作。这有助于维护乡村的生态平衡和可持续发展。

乡村文化与风貌保护规划：保护和传承乡村的文化遗产和传统风貌，包括古建筑、古村落、传统民俗等。通过规划，确保乡村的文化特色得以延续和发展，提升乡村的文化软实力。

乡村公众参与治理规划：强调乡村规划的公众参与性，确保规划符合村民的意愿和需求。同时，建立健全乡村治理体系，提升乡村治理能力和水平，确保规划的有效实施。

2.3　规划技术路线

面对深化改革这一紧要关头，以设计为导向，以乡村精神为核心，探索助力乡村振兴的设计新路径。

（1）设计调研方面

我国幅员辽阔，各地区差异很大，全国各地推行乡村振兴战略部署时由于地域、人文、环境等因素，在实际推行中差异明显。因此，乡村规划设计前，应对乡村进行综合、全方位的信息诊断与分析，形成一份科学的乡村调研报告，这是乡村规划设计工作流程中最为关键的环节，能为乡村设计提供基本参考。同时，把研究报告中有关乡村现状、优势、瓶颈以及解决建议的理论性成果切实纳入乡村设计图底，使理论与实践科学衔接，达到研究设计深度的目的。

（2）居民点设计

传统设计工作中，由于对设计成果认知的偏差，受工作与生活环境因素的影响，无法将村落文化特征纳入设计成果中，同时缺乏对于村落发展区域优势与面临困境的足够感知，从而使村落设计出现"人云亦云"式的现象，造成对地方村落建设与开发的误判。"驻点"规划设计是深度发掘乡土特质、服务乡土社会的必然选择。当然，"驻点设计"并不是要设计师在乡村长期驻点从事设计工作，而是不定时核实并补充调查结果的疑点或不足。驻点设计是设计师完成乡村规划设计成果时，往往要到乡村寻求灵感与材料，对乡村环境作出规划与设计，使设计成果本土化的工作模式。

（3）交互设计

互动设计作为交流设计的语言美化，是乡村规划设计领域设计下乡新型服务机制下的科学手段。交互设计指由政府和研究组、设计组、本地能人组共同交流乡村建设的发展计划和方案；开展科研人员与设计人员学术交流活动，并以此为基础提出研发人员和本地人员反馈交流、设计人员和本地人员技术交流等动态设计方法。与传统"自上而下"工作方式相比较，交互设计首创"自顶向下"和"自底向上"交流与反馈新方式，成为新时代乡村规划设计流程中必不可少的综合公共参与机制。

（4）修补设计

与传统设计流程的一次次重启设计不同的是修补设计。传统设计是未按规定时间确认即已完成，大大浪费设计费用和精力，造成设计工作反复。因此，要以"设计下乡"为指导，为村落后期施工指明方向，也可培育和训练本地人才团队以搭建智慧化反馈平台，不断填补前期规划设计的不足与漏洞，以协助设计师达到塑造地方特色的目的。把握乡村振兴战略背景下乡村规划设计进一步改革的契机，构建新时代乡村规划设计新思路，这将有助于破解当前乡村规划发展瓶颈，补齐城乡一体化发展短板，实现乡村规划设计时代创新（祁作峰，2019）。

2.4　规划设计内容

2.4.1　经济社会发展规划

（1）确定总体发展方向、发展目标和发展策略

在此基础上，提出区域（县、镇/乡、村）乡村振兴的总体定位、目标体系和战略路径，并在此基础上构建区域（县、镇/乡、村）乡村振兴的整体框架。

（2）制定一套可持续发展的经济和社会发展计划

对乡村的人口发展进行分析，对有关区域内（县、镇/乡、村）的经济社会发展格局、发展潜力进行分析，对经济社会发展体系进行确定，对乡村振兴战略的实施及经济社会发展的分期规划进行制定。其中包括规划制度、指标体系制度等。

2.4.2　生态建设与开发规划

重点是做好区域生态规划，做好环境污染防治规划，做好资源利用规划，做好乡村人居环境综合治理规划。明确土地使用范围，并与土地利用、林业和水利规划相协调。建立生态安全战略框架，推动生态文明的发展。

2.4.3　乡村产业发展规划

乡村振兴规划的核心是乡村产业发展规划，它的主要规划内容包括：对产业发展现状、产业发展环境、产业发展优势及特色进行分析，以当地"十四五"规划及上位产业发展规划为基础，提出种养加及服务业等产业结构调整目标、产业发展方向和重点，并提出一二三产业融合发展的主要目标和发展战略，确定其在区域经济发展中的位置。

2.4.4　村域空间设计

确定城镇化、人口集聚和现代乡村的发展格局与空间结构框架,并确定其功能定位。制定土地流转、生态退耕、土地开发与整理、耕地占补挂钩的规划,并制定土地利用的总体布局。

2.4.5　村庄居民点布置

对村庄协调发展总体方案和乡村总体安排进行规划设计,并与城乡规划中城镇体系规划和镇村体系规划相结合,构建城镇区之外的乡镇、综合发展结构(如特色小镇、田园综合体、休闲农庄等)、乡村居住社区(包括乡村)的三级体系。从经济实力、与城市的关系、工业发展和交通状况等方面,提出"乡镇""综合体"和"乡村"三个层次的空间布局,并对其进行分级详细规划。

2.4.6　基础设施规划

以乡村分布特点、发展需求、规划定位、未来发展目标等为基础,以区域城镇体系规划为依据,规划出基础设施的建设标准、配置方式、未来建设重点。主要包括交通、给水、排水、能源、通信、邮电等。

2.4.7　公用服务设施规划

要把居住环境定在适宜居住的水平上。在城乡之间,大力推动基本公共服务的均等化,对公共设施进行分类,在教育、文化、科技、医疗等方面进行规划,对公共设施进行布局,并合理使用土地资源。

2.4.8　机构改革和施政计划

重点是土地制度、社会保障制度、乡村治理制度、干部考核制度、政府和社会的合作制度、乡村管理制度。

2.4.9　乡村文化传承

对历史文化遗产和地方特色进行科学保护，如优秀的历史文化传统和乡村特色、地域特色、民族特色等，要进行传承和弘扬。对国家级的历史文化名村，要根据有关的法律法规，进行严格的保护。

2.5　乡村规划方法

落实乡村振兴战略需要强化规划指导，切实推动乡村建设。乡村规划编制作为一项兼具科学性与系统性的任务，在开展乡村规划编制工作时，要立足于科学编制思路，运用有效编制方法，全面提升乡村规划编制效果，进而推动乡村发展。

2.5.1　乡村振兴战略背景下乡村规划设计思考

当前，随着社会经济的高速发展，乡村振兴发展力度不断加快，城乡差距持续缩小，提高了乡村地区的发展效果，因此，实施乡村振兴战略对于引导乡村地区的发展具有至关重要的意义。通过分析我国乡村振兴发展现状发现，国家为了更好地实施乡村振兴战略，出台了一系列推动政策，推动乡村建设的效率和质量。深入推进乡村规划编制工作，从而全面提升其效果。在进行乡村规划编制工作时，必须梳理思路，有条不紊地推进。

（1）确定乡村的规划位置，以确保其最大化的效益

随着我国社会经济的全面快速发展，乡村振兴力度的加大、城乡差距的持续缩小以及乡村地区发展效果的有效提升，必须将乡村振兴战略有机融入实际工作中，从而为乡村地区的发展提供重要的引导。要加强城乡规划编制工作，以此来促进乡村地区更好更快地建设与发展。进一步推进乡村规划编制，以全面提升乡村规划编制的效能。

科学化的乡村规划编制需要明确定位，并结合乡村的资源和特点等多方面因素，以确保整体规划的有效实施。当前我国很多地区都已经完成了新一轮的乡村土地改革，但由于各地情况不同，导致乡村规划存在一定差异，尤其是对于一些欠发达山区来说更是如此。在乡村规划领域，存在一些地方缺乏明确的定位和认知，这不仅对规划效果产生了负面影响，同时也导致了大量资源的浪费。从我国实际情况来看，许多地区都存在着缺乏统筹规划的问题，导致一些地区乡村建设无序化，难以满足现代化社会对土地和生态保护要求，同时也阻碍了乡村经济转型与升级。因此，在制定乡村规划时，必须明确自身在其中所处的地位和作用。通过对县域进行总体规划和详细规划来指导乡村生产生活活动，实现城乡一体化发展。在乡村规划的实施过程中，必须综合考虑各种因素，包括但不限于乡村地区的独特资源、土地资源和水利设施等，以实现对乡村发展的全面协调和影响。只有充分了解这些因素，才能够有效发挥乡村规划在新乡村建设中的作用。乡村规划作为一项综合性、系统性的工作，必须以全局为基础，综合考虑各方面的关键因素，以提升规划成效、挖掘乡村发展潜力、促进乡村社会经济生态文明建设为目标。

（2）乡村地域空间专项规划的讨论

只有在以乡村振兴战略为指导的前提下，对乡村规划编制成效进行科学优化，才能全面提升乡村规划编制的质量。只有通过对乡村编制工作的多个方面进行深入细致的综合研究，才能不断提升乡村规划的整体水平。当前我国乡村建设已经取得了一定成就，但还存在着不少问题。在进行乡村规划编制工作时，需要将其按照类型、属性等因素细分为多个子要素，并在研究和实践中进行差异化处理，以形成全面发展的优势。

一是加大乡村开发力度，大力发展乡村旅游。开展乡村规划要立足农业、种植业等传统优势产业，全面提升乡村发展潜力。充分利用乡村地区所拥有的丰富自然资源以及土地资源等，对优势农业进行积极扶持，对经济效益高的经济作物进行积极扶持等，以此来促进农业发展。在乡村规划中，应坚持"积极介绍，走出国门"原则，积极引入优质产业，同时拓展发展空间，注重社会、经济与生态环境相协调。我国乡村既有丰富的自然资源又有深厚的文化底蕴，可以说是一个很有开发潜力的文化。乡村旅游开发时，应注重深掘乡村潜能，强调不同乡村开发特色，以形成不同品牌与风格旅游产业链。基于此，除了推动乡村旅游快速发展外，还应加强旅游资源保护、注重民间文化继承与发扬，以及乡村特色建筑风格保护与开发。

二是改善居民生活环境和科学选址。应立足于优化民众生活体验，营造乡村居民良好人居环境，以此全面提升乡村规划编制成效。同时在住宅小区建设风格、建设地点以及建筑装修选择等方面，应反映地方民俗特征并遵循科学、自然设计理念。一方面，乡村规划编制应结合当前阶段乡村居民基本需求及不断增长的生活需求，优化基础设施建设及配置，确保乡村居民生活服务设施齐全，如公路交通、卫生清洁、通信。另一方面，编制乡村规划时，还应优化居民区选择与建设。在居住区装修风格方面，应体现一定水平，避免生硬呆板。在选择居住区时，要使居住区集中化，把居住区安排在交通便利、工业发达、生活服务设施完善的区域。在居住区建筑形式上，要既结合当地风俗习惯又兼顾当地居民个性偏好。尤其在住宅小区外墙装饰材料应用中，不仅应避免颜色单一带来的单调乏味，也应避免颜色凌乱给人带来的视觉冲击。当然，更为关键的还是要在乡村规划尤其是居民建筑的规划与建设过程中明确科学的质量标准与安全规范，给乡村居民值得信赖与安全的居住环境。

三是加强生态建设，实现综合治理。在乡村振兴战略的背景下，应当积极推进乡村编制规划的效果，同时注重生态环境的建设，全面整治环境问题，从而提高乡村规划编制的水平。目前我国乡村发展正处于转型升级阶段，而传统的粗放型发展模式已经难以适应新时代对乡村产业和生态文明的要求。随着乡村产业链的不断完善，乡村生态环境正面临着越来越严峻的挑战；所以在乡村规划建设中要重视对生态环境进行保护，实现社会、经济与生态发展同步进行，协调一致。另外，在乡村规划时还要综合整治乡村环境。开展乡村规划前，要在全面、科学、系统、有效调查研究的基础上，准确掌握乡村区域生态环境发展特点及薄弱环节，以便采取科学预防、治理和整治措施。

2.5.2　搞好乡村规划的具体调研工作

（1）充分发挥村民的主动性

乡村规划编制要以服务"为最大"，以农民群众为目标，为农民群众营造良好的生存发展环境。因此在制定乡村规划时应该充分体现村民主观意愿。一方面，乡村规划开展时，应广泛问计于民、问政于民，根据科学全面的访问、调研等情况，科学把握村民需求，并根据此为规划的基底，从而能够明确乡村规划宗旨和方案，确保乡村规划符合村民普遍需求。另一方面，发挥村民代表作用，使其能够有效监督乡村规划并提出建议（孙雪茹 等，2019）。

（2）建立科学工程实施方案

为了提高乡村规划工作的整体效果，优化其水平，确保有序开展，必须在规划过程中制定科学的规划方案，这是一项系统性、科学性和全面性的工作。需要加强对乡村规划工作的重视程度，不断提升规划设计人员的综合素养，使其能够掌握更加丰富的专业知识与技能。在进行乡村规划时，必须将整体规划与乡村规划相互融合，形成一体化的规划方案，方能充分发挥乡村规划工作的作用；在乡村规划的实施过程中，必须综合考虑不同类型的规划项目以及不同属性的规划元素，以制定相应的专项项目规划，并确保各项目之间的协调一致，以避免出现交叉问题。

（3）乡村规划最佳途径与顺序

在乡村振兴战略的指导下，需要全面提升乡村规划编制工作的成效，结合乡村的地域性特色、民俗特色等多方面因素，科学地选择适合的乡村模式，以充分展现乡村规划的独特特色，从而为乡村的可持续发展发挥全方位的作用。因此，要根据实际情况制定完善的实施计划和实施方案，并对相关内容进行严格审查，确保规划方案科学合理。在乡村规划的编制过程中，必须优先考虑合理的规划顺序。从目前的情况来看，我国大部分乡村都存在着一定程度的问题与不足，要想从根本上解决这些问题需要制定科学合理的总体规划方案。为了提高规划工作的质量，避免更严重的资源浪费现象的发生，需要在规划过程中进行科学的试点操作，直到试点工作取得成效后再进行广泛的推广。另外，在制定相关的政策与制度时要充分考虑到当地居民实际生活情况和需求，从而使规划更加科学合理。为了研究乡村地区自然资源或民俗资源市场的吸引力，旅游资源开发过程中必须采用科学的试行方法（冯旭，2022）。

在乡村振兴战略的背景下，为了全面提升乡村规划工作的成效，以推动乡村地区的发展，必须准确理解乡村规划编制的思想，科学运用其方法，以提高乡村规划编制的质量，并精准地探索适合乡村规划编制的路径和方向。

第3章 乡村规划调研分析

3.1 乡村调研意义

3.1.1 新形势下的乡村

当前，解决好"三农"问题已成为当前乃至今后相当长一个时期内党和国家工作的重中之重。由于"三农"工作的重要性、复杂性和特殊性，其所牵涉的一系列新情况和新问题的涌现，必须深入乡村进行研究。

3.1.2 "三农"事业肩负着繁重的使命，需要付出巨大的努力

为了维护市场、就业和社会的稳定，必须在此基础上进一步巩固"中国饭碗"，并以紧迫感和强烈的争分夺秒的决心，认真贯彻一系列加强农业特别是粮食生产的方针政策，加速推进乡村民生，解决农民问题，维护乡村和谐稳定。

3.1.3 农业生产具有特定的属性

农业的独特之处在于其地域特色的显著表现。一是生物性。农业生产的地域和空间特征决定了动植物的生长发育规律，同时，不同的自然和社会经济条件也为其提供了独特的外部环境条件。农业是以土地资源为基础，因此，农业发展必须适应当地的自然地理环境。二是季节性。

农业生产受自然条件的影响较大，包括但不限于温度、湿度、光照等自然因素，以及畜牧养殖、植树造林、水产捕捞等季节性活动，因此，在进行乡村调查时，必须区分农忙和农闲时期。由于不同地区的气候差异大，造成的农业生产循环也不相同，具有各自不同的特点和规律。除此之外，还要了解当地农民的生活习惯及文化水平等方面情况。农业生产的循环过程涵盖了从土地平整到播种再到收获的全过程，这是一个不断循环的过程。

3.1.4　乡村具有明显的地域属性

随着我国乡村城市化和工业化的不断推进，乡村地区发展不平衡问题日益凸显，这也导致了乡村经济发展呈现出明显的地域特征。因此，研究乡村经济发展的区域差异性，对制定符合当地实际情况的经济社会政策有着重要意义。在进行乡村调查时，需从乡村经济实力水平、农业生产力水平和农民生活水平三个方面入手，制定能够准确反映乡村经济发展水平的调查方案。通过对调研数据进行整理和分析，采用聚类分析方法，将不同的发展类型划分为不同的类别，并针对乡村的地域性差异，基于乡村经济发展水平的聚类谱系图，对乡村经济发展水平的区域差异进行科学、合理的综合评估和分析。

3.1.5　农业生产方式的转型

随着城镇化进程的加快，农民市民化步伐也在不断加速，乡村土地流转规模也在逐步扩大，促进了乡村剩余劳动力向二三产业转移，增加了农民收入，提高了生活水平，使广大人民群众得到了更多实惠。随着"三权分置"制度的不断深化，农户承包经营权的有序流转，新型农业经营主体不断涌现，现代农业的活力不断增强，农业生产的时空布局不断扩大，农业生产方式的转型为我国农业发展提供了强有力的推动。

3.1.6　经济结构演变

近年来，我国农业产业结构调整取得明显成效，农产品供给总量不断提升，形成了一批具有竞争力的优势区域农产品。从市场需求的角度出发，对农业和乡村经济结构进行持续地调整和优化，以满足不断变化的市场需求。因此，必须在坚持家庭联产承包责任制不变的基础上，不断提高土地集约化水平，推进农业产业化经营进程。随着市场经济的深入推进，农民对自身权益的重视程度越来越高，农民的思维方式也发生了转变，有些人渴望离开土地，却又舍不得，有些人不愿意将土地转包转让或入股托管，还有一些人无法正确理解自己的利益与国家和集体利益之间的关系，这些因素都会对现代农业组织形式的实现产生影响（王炳春，2020）。

3.2　调研对象与具体方式

3.2.1　区域党政负责人

在城市规划的制定过程中，区域领导扮演着至关重要的角色，他们对城市规划的观点和理解对城市的发展有深远影响。因此，如何有效地开展规划调研成为一个重要问题。首先，在进行调研之前，必须选择适宜的时间，以确保不会由于准备不足而过于仓促，要选择恰当的话题，使之具有针对性；其次，在访谈调研前，要加强沟通，从而提高对话的效果，并减少对话中的遗漏；最后，在正式开始访谈之前，要做一个必要的交流准备工作。在被调研人所负责的领域中，交流主题可以或者部分涵盖以下内容：基本情况、存在的问题以及未来的计划等。在整个访谈中，要有整体概念，通盘考虑，确保沟通的整体架构不会出现显著的偏差。

3.2.2　相关部门单位

　　为了提高调研效率并方便后续资料整理，可以对涉及的多个部门进行分类，以确保规划的全面性和准确性。具体而言，就是把这些工作划分成几个相对独立的项目，可以根据乡村振兴中五大振兴主题划分各自相对独立的项目群。例如，在对"产业兴旺"部分的相关单位进行了深入调研后，调研人员要进行一次内部的全面交流，以确保信息的一致性和准确性，并对指标体系中的指标选择和预测进行详尽讨论。调研的具体步骤：首先完成调查问卷，然后通过访谈等方式收集数据，研究人员要参考专家提议，提出具体可行的方案和措施。

3.2.3　实地考察

　　首先，根据研究区域内各乡村的布局，通过对各镇进行全面协调，精选适宜的研究路线。研究过程分为两个阶段：座谈和现场实地考察。

　　在召开会议之前，要将会议材料分发至各乡村，以确保他们有充足的时间进行充分的准备工作。同时，可以通过座谈会了解到各乡村干部的工作态度和想法。在讨论的过程中，将会以书面材料传递给被调查者，以避免由于口头表述而导致对被调查者的理解产生差异。座谈会一般安排两个小时左右。在座谈中，探讨乡村的地理位置、交通状况、资源要素条件、人口构成和就业情况、土地使用和流转情况、产业发展状况以及乡村建设状况等基本信息，同时也会深入探讨当前发展所面临的主要问题和瓶颈，以及对未来发展的计划和设想等方面。在座谈过程中，研究人员应当积极主动地与座谈者进行交流和互动，以调整座谈氛围，使参与者能够毫无顾虑地畅所欲言，释放内心的疑虑。

　　在座谈会的基础上，对各个乡村进行实地考察，包括但不限于乡村总体建设情况、一二三产业的发展情况、重点项目的建设情况以及乡村治理、相关企业和合作社情况等，挖掘优势和当前所面临的挑战。为了确保乡村振兴规划的成功，访谈对象必须具备代表性，既要对运营建设良好的企业和合作社进行考察，汲取他们的经验，将其作为规划中的重点发展方向，同时也要挑选一些发展一般或相对落后的对象，在制定规划任务、改善现状中，能够趋利避害。

3.2.4 村民代表

乡村振兴的进程中，农民扮演着不可或缺的角色，他们是推动乡村振兴的中坚力量。因此，在进行规划的调查研究时，务必充分倾听农民的真实想法和意见，并对他们的权益给予充分的尊重。通过运用多种调研手段，包括但不限于问卷调查、入户访谈、召开村民代表大会以及悬挂宣传标语等。乡村振兴规划调研并非针对所有乡村展开，而是将规划区域内的乡村划分为不同的类别，并对具有代表性的各类村落进行深入调研。

（1）发放调研问卷

在进行问卷调查时，必须根据人群的基本特征，精心设计一份符合其文化水平的调查问卷，设置易于理解且与其日常生活息息相关的问题，以此为基础，针对不同人群的特点，增加一些具有针对性的问题。选定代表性乡村进行前期试用后，发现其中存在的问题并进行修改和完善，方可将其转化为正式问卷。在进行调查之前，需要确保村民了解调查问卷的目的和功能，因此可以采用分散式或集中式两种形式进行发放。

（2）深入访谈

通过深入调查能够更加直观地了解村民们的现实生活，真正地倾听他们内心深处的真实需求。所以在对村民进行调查时一定要深入、细致、全面。在进行采访时，首先，务必明确采访的主题，切勿轻率发表言论；其次，应当对访谈者进行分组，使他们的警觉性得到放松。再次，还应该提前了解一些当地的历史文化和风土人情，针对语言差异较大的情况，邀请专业人员陪同，以确保调研访谈过程的顺利；最后，采访对象的年龄和性别应该区别对待。在采访过程中，应当运用巧妙的访谈技巧，以最大限度地消除采访者与村民之间的隔阂，并引导他们表达对乡村发展与建设的观点。

（3）举行村民座谈会，促进交流

村民座谈会是由非政府组织机构的成员担任主持人，召集所有村民或村民代表，就当前乡村所面临的问题和发展进行讨论。在这个过程中，要充分尊重农民的意见和建议，从最初的"百花齐放"到最终的"万众归一"，唯有如此，方能更好地展现各方面的愿望，从而更好地贯彻执行。

（4）张贴宣传画

通过张贴和悬挂"乡村振兴"宣传横幅，以提高村民对该工作的认知度，并为其提供更多支持。张贴到村民们经常聚集的场所，张贴标语内容要明确、清晰，海报设计制作要精美。有研究表明，在新乡村建设中，张贴宣传牌所产生的宣传效果显著，为新乡村建设营造了一种积极向上的社会舆论氛围。

（5）新技术和方法的应用

在进行乡村调查时，可以运用新技术和方法，通过微信、微博和大众点评等网络媒体，获取村民和乡村的基本信息。通过利用自媒体平台，一方面可以协助规划人员及时宣传规划活动，另一方面，公众参与意见反馈的渠道也将变得更加直接和透明，从而提高规划效果。

3.3　现状调研设计

3.3.1　前期准备

（1）对现状的一般认知

在制定乡村振兴规划之前，当地政府应当提前组织各乡镇与主要相关单位进行集中培训学习，重点在于对乡村振兴战略的提出背景、科学内涵、实施路径以及相关文件进行深入分析和解读，以使各个部门对乡村振兴战略的必要性、具体内容与现实意义有一个清晰的认识。同时，还需要对各自在乡村振兴中所起到的作用进行深入思考，以帮助各相关单位形成一致的思想。通过整合现有相关资料和网络资源，对村域的基本情况进行全面深入的探究。收集村民关于乡村现状与未来发展的意见，以便于进一步完善乡村振兴规划。对全村各方面的发展状况进行初步的综合评估，对规划方向和重点进行初步判断，提出关键性问题，并初步制定调研提纲以确定调研计划。在乡村振兴规划的制定过程中，由于牵涉多个部门，因此必须精心组织和协调，以确保规划的顺利实施。必须建立一套完善的乡村振兴规划体系来指导乡村振兴工作。在各级政府的领导下，成立乡村振兴规划委员会，全面规划工作，协调安排各个阶段的任务，解决重要问题，作出重要决策。成立专门的规划办公室，配备专职工作人员。规划委员会被划分为两个组成部分，一个是负责规划工作的领导小组，另一个则是为规划决策提供支持的小组，前者的职责是对规划进行整体部署，并对各个部门进行组织协调，成员包括县级主要领导和主要相关单位的负责人。另外，科研单位、高校等共同研究制定乡村发展规划和实施路径。

基于上级政府对乡村建设、城乡统筹相关规划以及乡村振兴的指导意见，县政府应结合自身实际情况，拟定规划招标文件，并设定相关参数，要严格审查投标单位相关资质，是否具有丰富的规划实践和相关经验团队，要从企业信誉、技术能力和管理能力等多方面来综合考量。

中标单位要根据发包方的实际需求，采用科学有效的方法和手段，制定详细的调研方案和计划，并与当地政府保持紧密的沟通。首先，组建专业的调研团队，掌握项目的实际情况以及相关政策。其次，制定相应的研究方案，要充分考虑研究对象的规模和时间限制。最后，针对调查内容进行细致分工,明确职责范围,在此基础上,针对各种潜在情况,制定相应的应对措施。

(2) 对空间规划要素的梳理和分析

网络是一种新的技术平台,可以方便地将分散的资源加以整合并实现共享。在展开详尽的调查之前,需要先对乡村区域进行细致的网络图分析,以全面掌握其整体功能。利用网络图的数据接口,获取整个区域的道路、供水、建筑等相关信息,运用图像解译技术,对覆盖数据进行空间分布分析,制定综合评价指标体系,建立综合评价体系模型,从而实现对该地区土地资源开发利用现状水平及潜力程度的定量评价。

(3) 对独特资源的挖掘

结合已收集到的数据,对现有的特色资源进行初步的挖掘和整理,包括历史、人文、古迹、特产、旅游、生态、优势产业和特色农业等方面,并对其空间分布进行初步勾勒,以充实调研工作底图。项目团队对乡村的相关信息进行系统整理和消化,并将其转化为最大限度的空间化,以真实的空间分布来加速对乡村的初步印象的形成。

(4) 调查活动设计

对前期数据进行归纳和分析,把握乡村区域发展所依赖的优势资源和发展的限制因素,并提出了需要解决的关键问题,进而初步形成一个规划构想 (赵明,2013)。

3.3.2 实地勘察

需要对调查对象进行全方位的调查,进一步摸清村民的意愿,以获得全面的信息。此外,结合前期资料梳理所掌握的相关情况,对村域的关键区域和节点进行专项调研,并对特色产业和空间要素进行专项踏勘,以确保调研对象得到全面覆盖。

要实现调查方法的智能化,以提高其效率和准确性。对于智能手机的各项功能进行深入挖掘,以确保对当前情况进行精准而有效的调查。

同时还能够根据不同的需求来开发出相应的应用程序，以达到更好地为寨内村民服务的目的。

为了实现科学合理的规划，要采用逐步深入的研究方法。对于各方所关注的重点内容，展开专项调研，对规划方案进行必要的修改。对于不同的产业，可以选择相应的模式开展工作，如农业产业化龙头企业带动型、农民合作社组织带动型以及新型经营主体带动型等。

3.3.3 建立数据库

利用 GIS 平台，利用网络挖掘的 POI、路网、河流、矿山等各类数据，以及现场调研数据（AP 现场标记数据、GPS 照片等）和调查问卷（将调查问卷内容转化为乡村属性表，方便以乡村为对象进行统计、分析、对比），委托方提供的基础数据，进行空间矢量化和属性化，建立现状调研基础数据库，为后续规划编制过程中的数据查询、数据统计、空间分析提供可靠依据。

3.4 调研评估评价

3.4.1 作物适宜性

对我国乡村地区主要农作物的生长特性进行评估，主要考虑光照、灌溉、土壤、气候等因素对其适宜性的影响。光合速率、蒸腾速率、叶片导度、光饱和点和光补偿点等。在灌溉区域，如果乡村的年降水量较少，而降水蒸发较多，那么仅仅依靠降水是无法满足作物的生长需求的，在规划制定过程中要采取一些合理措施。同时，考虑作物的经济性，考虑作物的经济效益，因此要适度分级，选取最适宜作物，建立高经济性作物的数据库，要最大化乡村资源的利用效益，提高耕地的集约利用效率。

充分考虑产业之间的矛盾，如畜牧养殖业与乡村旅游是否存在环境相悖。要综合考虑当地的土地性质、气候和风向等多种因素，以确保养殖活动的可持续性和经济效益。要综合考虑乡村的养殖意愿、养殖技术水平、养殖设施配套、育种渠道、销售渠道等多方面因素，全面考虑现有的养殖基础，在规定制定中，提供相应的解决方案。

3.4.2　适宜性评估乡村旅游业的发展

乡村旅游被划分为两类，一类是具有传统特色的乡村旅游，另一类则是现代化的乡村旅游。乡村旅游的传统形式始于工业革命后，主要是城镇居民在乡村中享受"归乡休假"的时光；而现代的乡村旅游则主要包括观光休闲、农业生态旅游等类型。随着社会发展，乡村旅游业逐渐成为一种新兴行业，它以农业生产为主业，通过旅游吸引游客进行休闲度假的活动。乡村旅游在某种程度上为当地带来了一定的经济利益，同时也为城乡之间的互动提供了更多的机遇，因此，很多人认为，乡村旅游是一种"观光休闲型"的活动方式。

在乡村地区兴起的一种新的旅游方式是现代乡村旅游，尤其是在20 世纪90 年代之后。目前，乡村旅游在国内外学术界尚未得到全面的定义，但中国学者普遍将其定义为一种家庭式管理，以农户为主要经营对象，以农户的土地、庭院、经济作物等为主要特征，以向游客提供服务为主要经营手段。现代乡村旅游对乡村经济的推动作用，不仅体现在为地方政府提供更多的税收和就业机会，更在于为地方政府的发展注入了更多的活力和动力。现代乡村旅游业已经成为我国农业产业化经营和乡村城市化进程中不可缺少的重要组成部分，也是实现"三农"问题根本解决的有效途径之一。

随着我国乡村旅游业的蓬勃发展，乡村地区已经逐渐形成了规模化产业和多元化产品的格局。乡村旅游在我国的基本类型之一是以自然山水和田园风光为主的观光型乡村旅游，或者是以农耕文化、民俗风情、民族历史、地方特色为主体的体验型乡村旅游，其涵盖了休闲农庄、观光果园、茶园、花园、休闲渔场、农业教育园、农业科学、科普示范园等多个领域，旨在提供休闲、娱乐和知识增长的体验，主要内容涵盖了康体、健康和休闲等多个方面（宗仁，2023）。

3.4.3 乡村人口特征分析

乡村的发展状况和吸引力，可以从常住居民与在籍居民的比例中得到反映；从外来人口所占比例的角度来看，可以衡量乡村吸引力；乡村人口的外流可以从家庭成员与常住居民的比例中得到反映；乡村劳动力的流失情况在外出务工率中得到体现。

3.4.4 乡村发展综合评价

不同类型乡镇在建设过程中面临着不同的问题。从宏观上对不同类型的乡村采取针对性措施，引导其走上良性发展轨道。以优越的产业基础、卓越的社会经济实力和优越的区位条件为基础，对于工业发展水平、设施建设水平以及社会经济状况等方面，将其总体上归为一类转型升级的类型。

3.4.5 特色挖掘

通过深入挖掘乡村发展要素、旅游资源和特色文化资源，旨在全面掌握乡村振兴的内生动力资源，并从中发掘出能够激发产业和文化活力的关键要素，以此作为乡村振兴的发力点。挖掘乡村发展因素的数据。为了在规划编制过程中充分挖掘信息，将所有信息以村域为单位进行整合，形成 GIS 数据库，结合实地考察和座谈调查的结果，从而提炼出各个乡村的发展特色。要对文化资源所带来的效益进行综合评估。文化产业并不是一种单一经济活动，它不仅包括物质产品的生产和再生产过程中的物质要素投入，还涉及精神层面的创造。对于文化产业的增长而言，仅仅依靠文化资源的丰富并不能保证其综合效益。探究当地文化资源的挖掘与利用模式，包括主题发掘和产品研发两个方面。主要体现在文化产品的研发和产业化方面。文化产业的深层次利用模式，要以文化为内涵、生态环境和内在价值为核心，以科技创新为引领，以特色产业为支撑，以"文创造村"为特色的文化资源深度挖掘模式。积极开发文化旅游产品，打造独具特色的文化旅游品牌，并对旅游度假区的连锁经营予以积极鼓励（贾泽楠 等，2019）。

第4章　国土空间布局

4.1　乡村布局规划原则

目前我国一些地区存在着乡村空间布局不合理、布局缺乏科学性等问题，盲目地拆除和建设以及不合理地"合并乡村"的情况仍然存在，严重影响了当地经济社会的可持续发展。

4.1.1　遵循科学规划理念，确保建设如期进行

随着工业化进程加快和城市化水平不断提高，乡村劳动力向城市转移，形成了大规模的人口流动和聚集。在"十四五"时期，仍有相当数量的乡村居民将继续向城市迁移。随着城镇化进程的加速，农业生产活动对土地的依赖性也越来越强，乡村地区所面临的开发空间"收缩"问题日益凸显，这就导致了我国城乡发展差距大、区域不平衡问题突出等现象。推进新乡村建设的步伐，必须坚持走节约集约利用土地资源的发展道路，切实做到"量力而行、因地制宜"。对于乡村规划而言，实现"精准"和"高效"的目标已经成为一项新的、更高层次的挑战。

首先，加速推进乡村土地整理工作，以促进乡村土地资源的高效利用。按照国家要求，把土地整治作为乡村振兴战略的重要抓手，加大投入力度。为了适应乡村的变化趋势，需要对乡村进行科学地分类，细化划分标准，明确哪些乡村应该扩大规模，哪些乡村应该保留，以便更清

晰地认识乡村未来的发展方向。

其次，推进乡村空间布局，以促进乡村的全面发展。在乡村建设中，必须充分考虑到资源的空间分布，将县乡国土空间规划与乡村布局相结合，确定乡村建设发展的边界、人口和承载能力、用地类型和规模等要素。

4.1.2　遵循历史演变规律，避免乡村盲目建设

随着工业化和城市化的加速，我国的农业和乡村经历了漫长的发展历程，然而在近代，乡村的消失和撤并却呈现出三种主要表现。一是由于自然环境的不适宜性所致。当遭受地震、塌方、泥石流等严重自然灾害，或兴建水库、泄洪区时，乡村已无法为当地居民提供必要的避难场所，因此需要迁移新的居民点。二是被纳入生态保护的范畴，以确保生态系统的可持续性。三是国家对土地进行严格管制，对于侵占行为的撤销等。我国开始进入由传统乡村社会向现代都市社会转变的过程中，绝大多数居民已经从以农业为主要职业，转向以社区为核心的全新居住模式，如城中村、工业园、商业城镇等，人们对生活质量提出更高的要求，从而导致乡村居民由传统向现代转型。

在实施"合村并居"的过程中，必须秉持"历史为本"的原则，以科学的方式进行乡村规划，避免超越历史发展阶段而进行"广泛"的"合并"行为。首先，对于乡村撤并的规模，实施严格的管控措施，必须严格控制搬迁撤并类乡村的条件，仅限于那些生存条件恶劣、生态环境脆弱、自然灾害频发的地区，以及那些因重大项目建设需要搬迁或人口流失严重的乡村。按照乡村布局和土地使用功能合理调整搬迁撤并类型，避免因过度集中而导致生态破坏，造成水土流失，影响当地群众生活水平提高。其次，应建立一套完善的评估机制，以评估乡村土地兼并的效果。县委、县政府有必要设立一个专门的专家评审委员会，对拟列入搬迁撤并类的乡村进行逐一调查和论证，以严格控制搬迁撤并类乡

村的规模，对于无法确定的乡村，可以暂时搁置，不要急于进行分类。同时要制定详细的工作方案，明确每块土地搬迁过程中涉及的利益关系和问题。在乡村的规划编制过程中，必须对涉及生活类建设项目的各个方面进行全面而周密的谋划。

4.1.3 注重保护传统乡村，传承优秀农业文化

农业文明是中华文明的基石，而乡村则是农业文明的重要载体。首先，乡土建筑在保留其传统风貌的同时，展现其独特魅力。我国地域辽阔，各地都有自己独特的乡土风情，蕴含着悠久的历史底蕴，唯有妥善保护乡村建筑的风貌和独特景观，方能保留乡村文化的血脉，留存乡村的记忆。其次，传承文化遗产。乡土文化作为一种精神上的存在，是一个民族最重要的财富之一。从具有地方特色的节日庆典，到绚丽多彩的民间艺术，再到民族音乐、舞蹈、服装等，这些都是广大人民群众创造性的结晶，它们是当地文化的精髓所在，因此，保护和培养本土文化的传承者，也是保护珍贵文化遗产的重要举措。同时，还能从中了解农民的生产生活方式、思维模式以及精神追求，从而使其更好地融入现代社会之中，为现代化建设服务。农业文化的稀缺性在于其内在的稀缺性，这一点不容忽视。在乡村规划工作中，必须深入挖掘、继承和创新优秀的传统文化，对文化价值观进行深入的审视和评估，建立起完整的乡村文化景观体系。在推行乡村分类和县域乡村布局的同时，组织文化保护单位对乡村文化的价值进行评估和等级划分。将非物质文化遗产纳入乡村发展总体规划当中，加强对非物质文化遗产保护与开发的管理。

在乡村建设中，不仅需要考虑现代化文明所带来的舒适性和便利性，还需要与山水纹理、道路机制、林田地理等自然特征相协调。在乡村民居中保留一些具有历史意义的元素，在农房的设计中，必须充分体现传统地方特色，如房屋布局、建筑材料、家具制作等，这些都需要根据当地的实际情况进行精心设计，而不是简单地照搬。

4.1.4　以农户意愿为中心，充分发挥农户潜能

在新乡村建设中，农民扮演着不可或缺的角色，他们是推动乡村建设发展的中坚力量。规划工作必须以农民的意愿为中心，充分发挥他们的主体作用，切实做好各项工作，确保乡村发展的可持续性。一是从政策上保障农民参与乡村规划。首要之务在于将农民融入乡村的整体规划之中。通过组织专家制定出符合当地实情的乡村整体规划方案，为群众提供科学有效的指导意见。邀请村民代表融入乡村规划编制工作组，开展驻村调研和逐户走访，以深入了解乡村发展的历史脉络、产业实际和人文风俗。同时，在规划实施阶段，还要通过与村民沟通协商，制定出切实可行的实施方案。二是村民共同商议并达成共识。在制定乡村总体规划时，要考虑村民们的意见，充分考虑他们的利益，对规划成果的呈现方式进行简化，以便于民众理解和讨论。同时还要在方案上设置"民主监督"栏目，将农民参与乡村规划设计的权利与义务清晰明了地告知，建立村民参与新乡村建设的民主决策机制，是推进乡村现代化的重要举措之一。

4.1.5　保护生态环境，实现人与自然的和谐共生

为了实现人与自然的和谐共生，必须综合考虑水资源、土地资源、大气环境、人口容量、经济发展水平等多个因素，同时将河湖水系、地质灾害、水土保持等纳入规划中，合理规划乡村人口、资源和环境，合理安排产业结合和布局，以及园林绿地系统等。在规划制定之初，就要以保护生态环境为前提，防止那些高能耗、高水耗、严重污染的淘汰工业向乡村地区迁移和发展。同时还要注重保护当地丰富多样的自然资源以及自然景观，要全面考虑地形、地貌和地物的特征，以确保在不破坏建设基地原有的河流、山坡、树木、绿地等地理条件的前提下，加强对乡村绿化、村容村貌和环境卫生设施的规划，创造出建筑与自然环境和

谐一致、相互依存、具有鲜明地方特色的人居环境（王荣国，2008）。

4.2　乡村规划定位

为了解决乡村发展滞后的难题，合理编制城乡一体化的空间开发与保护并重的总体规划是其中一项重要路径。为了科学、高效地引导乡村建设和发展，建立一个空间规划系统，该系统必须同时满足上级空间规划的要求和实际的乡村规划需求。

2019 年 5 月 23 日，中共中央、国务院发布的《关于建立国土空间规划体系并监督实施的若干意见》指出，国土空间规划是国家空间发展的指南、可持续发展的空间蓝图，是各类开发保护建设活动的基本依据。实现"多规合一"，强化国土空间规划对各专项规划的指导约束作用，是党中央、国务院作出的重大部署。国土空间规划体系中，乡村规划被确立为一项具有法定地位的规划类别，其目的在于解决当前城乡统筹发展过程中出现的诸多问题，实现城乡建设和环境保护协调发展，促进经济社会可持续发展。以乡镇或乡村为基本单位，实施"多规合一"的策略，以编制出具有实际可行性的乡村规划。《中华人民共和国城乡规划法》明确规定，城乡建设用地增减挂钩试点要以乡村居民点整治和土地整理为主线。对于乡村而言，其空间形态和功能布局主要由土地利用总体规划来指导和控制，而不像城市那样可以通过单独制定专项规划或者单列专门章节予以规范。在新的国土空间规划体系中，乡村规划的地位已经发生了转变，它更加注重于修建性详细规划的范围，因此，乡村规划的编制必须具备实用性的要求，以引导乡村规划的具体建设（刘彦利，2022）。

在乡村规划中，首要考虑的是乡村的本质和特征，这是涉及乡村规划的一个根本性问题。在推进乡村振兴的过程中，至关重要的是为农民提供一个适宜居住和发展的环境。什么是适宜居住的环境？何种环境方可使人居住于此？树木、池塘、荷花、小桥、流水、房屋、白墙、黑瓦、篱笆……这是乡村人所熟知的一些元素，融合了蔬菜、瓜果、鸡鸭等多种元素，形成了一个宜人的居住环境。为了实现安居乐业，必须确保耕地面积在一定范围内，要有稳定的收入，在周边有稳定的就业机会，从而实现安居乐业的目标。

其次要考虑现代化的要素，将农业产品进行高效的生态系统建设。生产出品质卓越、生产效率高的产品，可以引入现代化的科技元素，将现代化元素融入农业生产中，将现代科技、现代设施、现代管理、现代人才、现代金融、现代服务等现代要素有机融合于农业领域，可显著提升农业生产的效率和质量。走一条"生态循环"的道路来发展现代农业，改变生产方式，提高农产品的质量，满足人们对农产品日益增长的需求。从过去的粗放型向集约型转变，以绿色、高品质为特点的产品，通过质量促进农业经济的持续发展。

4.3　乡村规模预测

4.3.1　乡村用地规模预测

党的十八大以来，党中央、国务院积极推进一系列改革措施，并在全国范围内广泛展开实践。其中关于"三规合一"的研究与探索已经成为我国土地管理领域的重点研究课题之一，是实现生态文明的重要手段之一，它强调了全域管控和底线约束，强调了对国土空间用途的管制和建设用地总量的控制，同时明确了指标和边界要求。目前，我国已经初步形成了以国家层面为主、省级层面为辅的国土空间规划制度框架。在构建国土空间规划框架的大背景下，乡村规划不仅是实施乡村振兴战略的引领性和基础性工作，同时也是实现乡村区域国土空间规划全要素管控的最基本、最微观的规划单元。因此，如何科学合理地开展乡村建设用地管理成为当前亟须解决的问题。在乡村规划中，根据上级规划所规定的乡村居民点布局和建设用地管制要求，对乡村建设用地的规模进行合理划分。如何准确地测定乡村建设用地的面积，就成为一个亟待解决的问题。在乡村规划编制过程中，对乡村建设用地面积进行科学严谨的测量是必不可少的。由于目前我国各地区经济发展水平不均衡，各地乡村建设用地分布也存在很大差异。因此，必须紧密结合实际情况，对乡村建设用地规模进行深入研究，为各县（市）域乡村布局规划、乡镇国土空间总体规划、乡村规划提供科学、合理的技术支持，以确定乡村建设用地规模。

（1）预测乡村建设用地规模的理论和方法

《国家人口发展规划（2016—2030年）》中指出：到2030年，我国的人口规模将达到顶峰，未来一段时间内，人口流动将持续不断增强，城市化进程将不断加速，城乡关系也将逐渐趋于稳定。因此，如何实现土地集约利用已成为一个重要而紧迫的课题。在我国推进城市化和全国生态文明建设的大背景下，城乡土地的利用方式将从增加向减少转变。为了实现土地集约利用，保障粮食安全，提高城镇化质量以及城乡一体化发展目标，需要建立一套科学有效的指标体系来指导乡村土地要素配置和布局优化。在不同的地域和发展阶段，乡村对建设用地的需求从地理位置、社会经济、资源状况和人口变化等多个角度，对乡村发展的实际趋势和需求进行反馈。目前，我国土地管理部门主要采取了自下而上和自上而下两种形式，若仅依赖于自上而下的调控，很容易与实际情况脱节；若仅从底层需求出发，缺乏整体规划，难以把握全局发展趋势。同时，目前乡村规划编制中缺乏合理科学的方法来确定乡村建设用地规模，也难以满足未来土地可持续利用的要求。因此，为了确保乡村建设用地规模的科学性和合理性，需要采用自上而下和自下而上两种方式进行双向预测，并根据当地实际情况制定相应的乡村建设用地规模。

第一，对乡村建设用地规模实行自上而下的管控。在新的国土空间规划中，注重实现制约指标的逐级传递，从全局的角度来看，遵循"自上而下"的理念，对建设用地指标进行总量控制，并将其分解下达。对于不同层级的国土空间规划而言，所设定的指标具有一定差异。市级国土空间规划所规定的县级城乡建设用地指标，与县域乡村建设用地总规模相对应。在县（市）级国土空间规划中，考虑到人均城镇建设用地的限制，常住人口规模和城镇化率被视为预期性指标。因此，以城乡总人口为基准测算城乡规划年度内各区县的城镇化水平时，需要确定区域常住人口数，通过计算常住人口规模和城镇化率来推算城镇人口，然后再乘以人均城镇建设用地系数，最后将城乡建设用地规模减去城镇建设用地，得到乡村建设用地的总规模。由于城镇化进程中，乡村大量土地转为城市或工业建设使用，使城乡间存量建设用地不断增加，从而导致了我国耕地资源减少，生态环境退化等问题。为了避免过度压缩乡村建设用地总规模，可以运用预测县域乡村户籍人口和人均乡村建设用地指标的方法，推算出一个乡村建设用地总规模，以此进行逆向检验，以验证上述规模是否合理。

第二，乡村建设用地规模合理配置，由下至上。在国土空间规划的传导管控指标体系下，乡村建设用地指标属于有限资源，因此需要在乡村之间进行合理的统筹协调，同时满足实际建设需求，对其进行分解，以实现集约节约，从而最大化地实现社会、经济和生态三方面的综合效益。因此，在进行土地利用指标分解的过程中，必须对乡村建设用地进行差异化的分配，以确保土地资源的合理配置和利用。通过建立科学合理的评价体系以及科学有效的测算方法，制定科学合理的乡村建设用地标准体系，通过对乡村的地理区位、资源禀赋、经济社会发展状况、基础设施条件、人口变化和发展趋势等因素进行分配和校核，实现总量基本平衡，形成一个与当地实际情况相适应的乡村建设用地规模，以提高乡村建设用地的配置效率，能够为城乡一体化进程提供支撑，进而促进城乡和谐稳定的发展。

（2）乡村土地利用规模配置方式及途径

对于乡村资源的合理配置而言，评估其发展潜力是一项至关重要的任务。我国不同类型乡村在发展潜力方面存在差异，那些拥有优越的区位条件、便捷的交通、平坦的地势、鲜明的产业基础、明显的区域空间发展和政策倾斜的乡村，具有巨大的发展潜力，为进一步突出其优势资源配置效率，更多地展示其聚集能力，可能需要更多的建设用地指标。而对于地理位置相对偏远，处于地质灾害高发区域，经济和交通条件不佳，基础设施和服务设施薄弱，缺乏产业带动力，布局分散且规模较小的乡村，其发展成本普遍较高，生活环境难以得到明显改善，因此对建设用地的需求可能也会萎缩。这是通常情况的考虑，也不能否定的是，可能存在一种情况，政策大力扶持偏弱的村域，而造成建设用地指标的增加。在这种情况下，一些远离城市中心的偏远山村可能成为乡村建设中的一块"短板"。乡村发展的走向受到多种因素的影响，单一因素难以全面判断。

第一，科学评估乡村开发潜力。对评估目标进行定量描述的指标，是对其进行评估的重要手段。目前国内关于乡村潜力的研究主要集中在经济和社会两个方面，而对于乡村发展潜力的评估还没有形成系统完整的理论体系，特别是针对乡村发展潜力综合评价方法更是一个空白。通过运用统计学和数学建模等方法，对影响乡村发展的多种因素进行量化分析，并根据这些因素的组合，筛选出与潜在度关系最为紧密的几个指标，从而得出一个全面、合理、公正、科学的结论。乡村发展潜力的评估具有一定的可操作性，其数据来源既包括已有的县（市）级农业年报或统计年鉴以及相关管理部门提供的信息，也包括从乡村调研中获得的数据，因此，该评估具有高度的可操作性。考虑到我国乡村地域资源禀赋的多样性，以及山区、平原、丘陵地区对乡村发展的不同影响因素，需要在建立评估指标体系时，以现有可得资料为基础，通过对其进行深入分析和筛选，以评估乡村发展的潜力。

第二，明晰乡村开发潜力评估指标体系。乡村的现状和发展潜力是决定建设用地指标分配权力的关键因素。乡村的建设用地需求与其发展潜力成正比，即发展潜力越大，所需建设用地就越多；而发展潜力较小的乡村，则需要对其建设用地规模进行合理控制。在规划乡村建设用地时，必须全面考虑当前乡村地区的土地利用状况，并根据实际情况合理配置建设用地指标。在此基础上，通过对不同类型乡村潜力的研究分析，确定乡村建设用地指标的分配原则，并提出具体的分配比例。每个乡村的建设用地分配权重与其规划建设用地面积相乘，即为每个乡村规划建设用地面积的乘积。通过对现实情况的摸排，基本可以明确各个乡村的规划建设用地规模，确定各地区乡村建设用地的发展方向及数量比例，从而确定每个乡镇的乡村建设用地总指标，以及对发展潜力不大或指标相对富余的乡村进行相应核减。

4.3.2　乡村人口数量预测

乡村土地利用和公共服务保障确定的依据在于乡村人口的数量基数，而目前的乡村规划多以"常住人口"为基础进行人口预测。由于我国地域广阔，各地经济发展不平衡，不同区域的城镇化水平差异较大，导致乡村人口数量也存在着明显差异。在建设的过程中，常常会出现人口数量与实际情况不符、配套设施错位等诸多问题。因此，为了提高土地利用效率，必须做好乡村人口数量预测工作，而这也需要建立一套科学准确的体系来进行分析。为了实现对乡村人口的分类预测，可以采用分类分级预测，即将乡村的"户籍人口"和"实际常住人口"分别预测，并对常住人口中的特殊人群（如老年人和学龄儿童）进行细分，根据不同类型人群的需求特征以及经济发展水平差异，制定出差异化的土地利用模式。针对"实际常住人口"，通过调查问卷法获得其人口统计信息，通过人口普查数据建立回归模型。根据实际居住人口数量，遵循城市公共服务设施的布局规范，对城市基础公共服务设施进行布局规划。

　　将乡村规划中的常住人口缩减为乡镇规划中的人口。由于户口登记制度在我国实行多年，导致户籍人口和实有人口数量之间存在着一定差距，由于缺乏户籍人口或户籍缩减，乡村建设用地受到了一定限制。在乡村的规划中，以户籍人口为依据，公共设施的配置也必须考虑常住人口的数量。同时各级规划必须协调一致，以避免人口争夺的情况发生。在减少和整合乡村用地的过程中，不能简单粗暴"一刀切"，而应该尊重人民的意见，并采取相应的政策鼓励措施，以确保土地资源的可持续利用。为实现乡村振兴战略，必须准确把握其精神内核，捋清乡村人口等基础性问题，并根据实际情况对其进行分类，同时探索宅基地"三权分置"等政策措施（李兵，2018）。

4.4　乡村空间布局

　　党的十九届五中全会提出："优先发展农业农村，全面推进乡村振兴"。国土空间规划将进一步强化其对乡村地区空间发展的导向和基础性支撑作用。在"五级三类"国土空间规划系统中，"乡村布局"作为乡村区域空间治理的关键一环，承担着从总图一级的农业用地分区和用地控制向"细图一级"的传递和反馈，从而实现"由面到点"的全面覆盖。正是因为乡村空间布局作为乡村振兴和国土空间两个不可或缺的组成部分，所以，开展好乡村布局规划，对于实现乡村振兴具有十分关键的意义。然而，目前的乡村布局规划存在着过度强调聚落选址、用地规模控制、中心村选址等传统问题，导致其布局逻辑和应用方法与新时代乡村发展方向脱节，从而大大削弱了其指导作用。从某种意义上说，乡村布局已经成为我国城乡一体化建设进程的瓶颈之一，乡村布局工作的滞后成为国土空间规划及时传导的一个重要机制障碍，不容忽视。从城乡协调发展角度来看，城市向乡镇转移后，由于缺乏相应的引导措施和有效管理，造成许多地区乡村建设无序蔓延，影响了土地资源利用效率的提升。因此，迫切需要在新的历史时期，深入研究和探索乡村空间布局的理念和方法，并对乡村空间规划的传导路径进行优化。

4.4.1　乡村空间布局规划基本原则和制度

（1）乡村空间布局规划基本原则

学者们在乡村空间布局规划的研究和讨论中，聚焦于日益突出的经济、社会和环境问题，以及乡村空间布局规划的技术方法。也就是说，随着"以人为本"的新型城镇化理念与乡村规划的日益融合，在城市化进程不断加快的今天，对于乡村空间布局的分析，需要从定性原则分析、乡村发展潜力评价、空间半径分析以及多种分析方法相结合的综合分析视角进行综合考虑。总的来看，当前行业已经初步形成了一种以"布局思维+定性分析+空间布局"为主导的一体化布局逻辑，从"生活圈""乡村振兴""应对不确定性"等多个角度深入探讨了乡村规划的创新思路，但其核心仍停留在乡村空间发展的定位和布局上，需要进一步完善新时代下的乡村细分。

（2）乡村空间布局规划制度

在乡村空间布局的实践层面上，全国范围内已经展开了大量的工作，对其进行了系统的梳理和总结，尽管各地对乡村布局的分类方式多种多样，但其中有两个明显的布局框架。一种分类乡村人口集聚态势、发展潜力和趋势的方法是将其归纳为新建型、整治型、保留型和拆迁型。另一种则是以乡村人口分布格局以及农业生产要素禀赋作为依据，将其分为传统农业区、现代农业区和次农区三种类型。就实际情况而言，这种分类方式的侧重点在于评估乡村的发展水平和引导建设，但却未能准确概括乡村的特征。第一类是按照自然条件、历史文化和社会经济环境等因素将其分为不同类别，如平原农区、山地丘陵地带、山区盆地以及海岛乡村等，这与当前我国城市化进程有着密切关联；第二类可分为城镇社区型、城郊型、新型乡村社区、远郊型等，其定义方式和导向功能既体现了地域特征，也体现了城乡联系，但缺乏对其发展状况和趋势的准确评估，同时也未将其纳入具有特定自然资源的乡村保护性分类中，也未将其纳入需要拆迁或撤并的乡村中，其导向功能相对有限；第三类则是从宏观角度出发，以城市为中心来规划建设乡村，这类模式可以更好地协调好城乡经济、社会以及生态环境之间的关系。同时，在乡村引导和发展的内部逻辑上，不同地区的乡村布局体系也有相似之处，其中一个共识是鼓励乡村根据其独特的特点和优势，因地制宜地实现多元化的发展，实现乡村人口的有序、合理聚集，以达到最佳居住效果，在乡村土地、基础设施、公共设施等方面实现集约化、高效化地利用，保护生态环境，注重历史保护与继承，凸显地方特色。

目前，国家提出的乡村分类方法是"将乡村划分为城郊融合类、集聚提升类、特色保护类和搬迁撤并类，对特点不明确的乡村可暂不作分类"。这种分类方法可以有效解决以往乡村类型划分过于简单的问题。但也不能忽视不同区域乡村空间布局上的差异性，我国地域辽阔，东西部、南北乡村的空间分布特征存在显著差异，因此其适用范围难以达成一致，由于历史原因以及城乡二元结构等因素影响，各地乡村数量众多且形态多样，给分类工作带来一定困难。另外由于大多数县域的乡村缺乏明显的特征，彼此之间也没有太大的差异，甚至可以说是十分相似，因此难以精准地把握乡村的主要矛盾和特征；此外，由于不同地域间自然条件差异很大，因此，无法通过一个统一的分类体系来描述所有村落的基本特征。结合以往乡村布局体系的分析，国家分类的主要依据在于对乡村发展态势和发展方向的综合考量，同时兼顾区位特征和特色资源的利用，是一种高度综合的分类方法。

4.4.2 乡村空间布局规划

（1）国土空间规划中乡村布局的定位

乡村空间布局是国土空间规划体系中的一个重要环节，其目的在于在一定范围内规划出合理的乡村布局，以满足国土空间总体规划的相关要求，并将其传递给详细或专项规划。从宏观视角出发，对城市—县级规划进行分类，划分为"城镇""农业"和"生态"三大类，并对其实施有效控制，以确保规划传导的有效性；在微观层面上，乡村空间布局不仅要遵循城乡统筹的原则，还需结合不同类型的用地特征以及乡村居民点现状来确定相应的调控措施。在城市区域内，规划传导的路径基本上延续了以往中央城市的上层空间规划向下层控制性详细规划传导的模式，这种模式在城市区域内得到了广泛应用；对于城乡接合部地区而言，由于土地产权关系模糊，乡村集体土地被大量征用，导致该部分地区成为新城镇化进程中最重要的建设用地来源地之一，同时还形成了数量巨大的乡村群。然而，由于乡村生产、生活、生态等空间内在的"结构黏性"，无法通过"拆解治理"的方式进行有效的治理，仅依靠对农业空间的清晰控制难以对众多的乡村及自然村进行有效的引导与制约，"小而散"的空间分布特点也不适合城市区域的"传导方式"。因此，需要以一种更为综合的视角来认识城乡二元格局中乡村发展模式及其演变规律。在规划引导的框架下，针对不同乡村进行分类引导和控制，以实现宏观上的乡村布局，这是一种更为适宜的方案。

（2）国土空间规划体系下乡村布局的任务

自实施乡村振兴战略以来，从中央到省市、再到各个职能部门已多次在相关政策文件中详细阐述了新时期乡村布局的核心使命。实现城乡融合发展，必须有一个科学的、合理的乡村空间布局。乡村空间布局的核心在于两个方面：一是对乡村类型进行分类，以反映乡村的实际情况、发展方向和定位，从而弥补传统乡村布局规划对乡村现状特点和发展方向的不足，为实现"多元振兴"奠定坚实基础；二是通过空间优化调整，统筹城乡要素流动，形成产业兴旺、生活富裕、乡风文明、治理有效、村容整洁、管理民主的乡村新格局，推进乡村高质量发展，促进农民安居乐业、共同富裕。在乡村地区实施差别化建设指导，特别是加强国土空间规划、专项规划等的导向约束，将土地利用与人地关系协调、增量建设用地指标配置、永久基本农田、生态红线等约束有机结合，以推动乡村地区有序融入城镇、有序聚集人口、发展特色产业、保护特色资源（张达雄，2020）。

（3）国土空间规划体系下乡村布局解析

在乡村振兴背景下，新时期的乡村布局已经历了一系列的变革，包括但不限于价值观念的转变、布局思路的创新以及引导措施的升级。因此，要实现乡村振兴战略，需要重新审视和定位乡村空间布局的内涵，使乡村布局的价值观不再以城镇开发用地为核心，而是朝着城乡融合的方向转变，以城镇居民为中心，以城乡统筹为导向，以多元化的乡村振兴路径为导向，强调以人为中心的价值观。同时，城乡融合也体现出新型城镇化建设的趋势和要求，即由单一的城镇人口集聚转向多类型产业聚集。呈现出"分级导向+规划传递+政策支持"的与主体功能区规划相似的功能。以市县国土空间规划中对农业空间的控制为核心，将乡村发展的路径划分为不同的层次，并将其传递至下位，以此为基础，弥补传统布局方式中乡村发展的不足。从分区划片层面来看，通过分区引导和分类指导的方法，实现土地集约利用与区域统筹协调发展的目的。

第5章　产业发展布局

5.1　产业发展内涵

随着乡村振兴战略的推进，乡村经历了翻天覆地的变化，农民的生活水平得到提升，乡村的生活环境得到了改善。实现乡村整体振兴的首要任务在于推进产业振兴，这一点已经在多项实践中得到了充分验证。要想真正解决"三农"问题就必须把产业振兴作为一个重点来抓。只有深刻理解产业振兴在乡村全面振兴中的地位和作用，全面推进乡村经济的发展，以农业经济管理模式的创新和改革为基础，充分发挥乡村产业振兴的时代价值和优势，才能为乡村经济社会的平稳建设和高质量发展注入新的活力和生机，最终实现乡村全面振兴的目标。乡村振兴离不开乡村工业的支撑与引领，加快推进农业供给侧结构性改革，实现农民增收和就业创业等多方面的突破，才有可能为乡村振兴奠定坚实的经济基础。为了巩固乡村振兴的基础，必须将更多的资源要素汇聚起来，挖掘出更多的功能和价值，拓展出更多的业态类型，最终实现城乡要素的畅通流动，产业优势的互补，以及市场的有效对接。

促进乡村工业的发展，对于巩固和提升乡村经济的发展水平具有至关重要的意义。当前我国乡村工业化仍处于初级阶段，存在许多亟待解决的突出问题。只有通过发展乡村工业来解决乡村剩余劳动力转移就业问题，才能实现城乡统筹协调发展，使广大乡村居民共享工业化进程中产生的红利。为了巩固拓展脱贫攻坚成果同乡村振兴有效衔接，必须大力推进乡村产业的发展，让更多的农民在当地找到就业机会，同时让更多的产业链增值，这样才能为进一步提升发展空间奠定坚实基础。乡村现代化的推进离不开乡村工业的蓬勃发展，它是农业发展的重要引擎。从这个意义上说，加快推进农业农村现代化，就是加快实现城乡一体化发展。农业农村现代化的实现不仅仅在于技术装备的升级和组织方式的创新，更重要的是要建立完善的现代农业产业、生产和经营体系。因此，必须把工业化与农业产业化相结合，以实现城乡协调发展。为了推动乡村产业的发展，需要将现代工业标准和服务业的人本概念引入农业农村，以促进农业的规模化、标准化和集约化进程，从而实现产业链条的纵向延伸和产业形态的横向扩大，从而助力农业强、乡村美、农民富。

在乡村振兴的进程中，工业作为最为重要的一环，其可持续发展不仅是乡村振兴的基石，更是推动乡村发展的主要动力。因此，推进新型工业化与乡村建设具有内在一致性。乡村第一产业的重要组成部分是农产品加工业，其中以农产品和副食品等农产品的加工为主要业务。在乡村地区的发展中，服务业扮演着一个至关重要的角色，是不可或缺的一环。一些乡村因其独特的地方特色、自然景观和历史文化，吸引了大量游客，并通过旅游业推动乡村的发展。然而，乡村旅游开发仍存在着盲目跟风、资源浪费、环境污染等问题。为了实现乡村经济的可持续发展，需要建立一个立体的结构体系，其中第一产业是乡村产业发展的基础，而第二产业和第一产业之间的衔接和协作则是乡村产业发展的关键。第一产业与第三产业结合，通过将产业发展与生态景观环境相融合，可以实现景观环境的产业化发展，美化乡村的景观环境，改善地区的生态环境，并促进产业与景观之间的相互融合，从而共同推动地区经济的发展（刘世芳，2022）。

5.1.1　产业振兴是乡村全面振兴的关键

产业振兴是增强农业农村内生发展动力的源泉，是乡村全面振兴的基础和关键。它为乡村发展注入了强劲的动力，并在我国乡村发展中扮演着至关重要的角色。由于传统乡村的产业结构单一、潜力有限以及所处环境复杂，其发展受到了制约。随着科学技术的进步，乡村的发展已经进入新时代，农业与工业的融合正在逐渐深入，农业经济和工业经济开始走向一体化。乡村工业的复兴已逐渐成为当前乡村发展的重中之重。若能巧妙地运用先进的农业技术，不仅可实现生产规模的扩张，更能激发乡村发展的内在活力，推动乡村产业的蓬勃发展，为乡村现代化建设注入源源不断的能量。近年来，为加速现代化农业的发展，深入实施乡村振兴战略，我国不断推出各种有利于乡村产业发展的政策，通过乡村产业振兴，促进各种生产要素在乡村的汇聚，从而快速推进我国城乡一体化的进程，大幅提升农民的收入水平。同时，乡村产业的发展和壮大，也带动了其他相关行业产业的兴起，促进了经济结构的调整升级。因此，在推进乡村振兴战略的过程中，促进乡村产业的发展是至关重要的一环，它不仅能够激发农民的职业热情，同时也能够有效地提高乡村的整体收入水平，优化现有的产业结构，促进一二三产业的有机融合，为实现乡村全面振兴提供强有力的支撑。

5.1.2　乡村产业振兴是实现农民致富的路径

由于受到科技水平、思想观念和发展环境的限制，传统乡村的工业发展滞后，农民的收入来源有限，增收的难度大。随着乡村振兴战略的不断深入，越来越多的乡村借助产业振兴之力，实现了经济社会的蓬勃发展，同时也显著提升了农民的生活品质。因此，如何促进乡村产业振兴发展成为当前社会各界共同关注的重要议题之一。在乡村产业振兴的进程中，深入推进产业的转型升级，可以显著提升农民对于乡村全面振兴的认知水平，深入地了解乡村产业发展的最新趋势。此外，在乡村产业发展过程中，需要结合当地实际情况，因地制宜地制定出切实可行的政策与措施，促进乡村产业结构优化调整，提升农业产业化程度，加快新时代下的乡村经济发展进程。近年来，我国积极倡导推进乡村产业升级，鼓励各地乡村借鉴国内外优秀乡村产业发展经验，对发展过程中所遇到的问题进行深入总结，以推动我国乡村产业发展相关理论的创新。通过不断探索和实践，一些地方政府已经形成了很多行之有效的乡村产业发展模式。这些发展模式均获得了显著成效，有效地促进了乡村产业的蓬勃发展，提升了农民的收入水平。随着乡村工业的蓬勃发展和转型升级，更多的农民得以获得就业机会，也为众多杰出人才提供了全新的发展机遇。乡村工业作为农业和工业的结合体，促进了乡村产业结构的调整，增加了农民收入。随着乡村工业的蓬勃发展，乡村居民逐渐领悟到乡村工业发展对于乡村经济繁荣的重要性，从而开拓了乡村工业发展的新模式。大力发展农业和乡村经济，促进乡村工业化、城镇化与信息化建设协调发展。在国家经济蓬勃发展的大背景下，乡村产业经历了转型升级，有效地改善了农民的生活状况，同时也为实施乡村振兴战略提供了坚实的支撑。

5.2　乡村产业规划策略

5.2.1　优布局——优化产业空间布局

当前，大多数工业规划都在市县及以上的区域进行，然而，对于县以下的镇（乡）层面的工业规划却存在严重的缺失，这导致了镇（乡）工业发展的无序状态。尤其是当前我国工业化进程不断加快，大量人口向城市迁移和转移，造成了许多小城镇出现空心化现象，影响了城乡一体化建设目标的实现。此外，由于乡村可供建设的土地指标有限，导致上级规划难以有效引导乡村工业的实际分布，从而阻碍了乡村工业布局的实现。在镇（乡）域内，乡村产业空间布局的核心应当以尊重乡村实际发展情况、乡土特征及产业基底条件为前提，对产业空间布局进行优化，科学、合理地划定各类农业产业区域，引导乡村产业集聚化、规模化高效发展，并在条件允许的情况下，推进现代农业产业园区的建设，逐步促进产业融合发展。

5.2.2 构框架——构建城乡产业一体化发展

在镇（乡）域范围内，传统农业产业占据主导地位，其单一的生产和经营模式不仅造成了乡村资源的浪费，同时也对生态环境造成了负面影响。为应对现代农业产业体系、生产体系和经营体系的重组和优化，需要建立一个现代化的农业体系，以提高农业的综合效益和可持续发展能力。因此，必须构建具有区域特色的现代化农业体系。主要涵盖以下几个方面：一是推动乡村一二三产业之间的垂直联系，同时延伸产业链。只有在农业、加工业和第三产业之间建立有机的上、中、下游联系，并有效地延伸产业链，现代农业产业才能实现紧密衔接、循环往复的良好发展。二是需拓展乡村一二三产业的水平功能，以促进工业门类的有机融合。通过深度融合农业、文化、教育、旅游和科技等多个产业，为农业的发展提供更加广阔的空间。三是构建具有现代化特色的农业生产和服务体系。现代农业生产系统应当实现规模化的生产经营、信息化的管理、科技化的技术支撑、标准化的产品生产以及生态化的生产环境，从而实现"五化"目标。现代农业经营体系应当孕育出专业大户、家庭农场、合作社、农业龙头企业等新型经营主体，最终形成一个由政府、新型经营主体和农民共同组成的现代化农业经营新生态。

5.2.3 落重点——落实重点项目实施

乡村产业在发展中要具有特色，避免同质化现象，传统的农业生产方式已不能满足现代农业生产要求，必须明确其发展的重心，以"重点工程"为突破口，积极推进农业特色品牌建设、绿色产业基地培育、现代农业产业升级、乡村电商平台建设以及乡村旅游景区创建等工程。

通过这些项目的实施，形成一批有较强竞争力和影响力的特色产业集群，这是一项基础性、关键性和先导性的重要任务。以突出重点项目建设为突破口，塑造具有地方特色的名牌产品，塑造地方绿色工业示范基地的形象，大力发展现代农业园区，促进农民增收致富。通过加强乡村电子商务平台系统的建设，实现农产品销售渠道的畅通，从而提高农产品的销售效率，加大基础设施建设投入力度，提高农业产业化水平，促进现代农业快速健康地向前发展。

5.2.4　促发展——促进乡村旅游业蓬勃发展

农村全域旅游已成为当前农业旅游业的主流趋势，是一种科学而系统的旅游形态，它将整个村域视为一个旅游胜地，具有区域资源整合、空间发展有序、产品类型丰富以及产业发达等特点。近年来，我国许多省市纷纷出台相关政策大力推进全域旅游战略的实施，各地也相继开展了各具特色的全域旅游建设活动，取得了一定成效。加速全域旅游业的蓬勃发展，成为推动各地区产业互动和转型升级的全新引擎。全域旅游的发展需要整合区域内各种资源，凸显每个乡村的主题特色，并通过旅游线路将其串联起来，以创造出具有差异性的主题，从而实现全域旅游的目标。在开发过程中应注重不同地域之间的协调，实现从整体上提升乡村文化品位。乡村中的各个农业产业也要互相推动，旅游产业与农业相互促进，融合各类产业，最终形成产业集聚，从而充分激发农业内需，拓展农业内在价值，完善现代农业产业体系。

5.3　产业发展模式

推进乡村现代化进程，特别是在实现"五位一体"的过程中，实施乡村振兴战略，关系到乡村经济发展方式转变的实现，进而影响国家未来经济社会发展目标的顺利实现。在此大背景下，必须进一步深化农业供给侧结构性改革，而这一改革与乡村产业结构的优化息息相关。乡村作为中国基层社会的重要组成部分，也是社会发展的重要组成部分，有近郊、远郊和边远三个层次，乡村地域范围相对较大，但同时也有较小的区域。通常情况下，作为一个地区的政治、经济、文化的核心，城市周边的乡村往往比城市以外的乡村更为优越。同时，随着城市化进程不断加快，越来越多的人口涌入城区内，导致郊区出现了大量的新市民。同样的道理，城市的辐射效应和基础设施如道路、交通等的便利，也会对乡镇周边的乡村产生影响，而郊外的乡村则会迎来更为繁荣的发展。因此，亟须明确乡村的价值定位，特别是对城郊乡村地区的工业发展模式的定位和梳理，加快构建新型城乡关系，并以此为基础推动整个社会经济全面协调可持续发展。

无论是在近郊还是远郊的乡村，实现可持续发展的关键在于选择一种符合科学发展规律的产业模式，只有这样才能确保每个地区都有其独特的优势，才能真正使乡村和城市共同繁荣。近郊乡村是城镇化的辐射范围，农业人口减少。那么，这些减少的农业人口究竟流向何方呢？如果将这些农民迁移出去的话，他们又会如何进行生产和生活呢？当然，随着农业的转型，第二、第三产业也在不断发展，有些甚至是随着农业的演变而发生了产业间的转变。对于农业而言，从传统的种植业向具有第三产业特征的休闲农业、旅游农业转型，这一转变虽然对农户本身没有太大影响，但对整个乡村的发展而言，却是一次重大的转型。

在郊区地区，休闲观光型农业是一种投资成本低的产业，以上海孙桥现代农业园为例，它采用了现代化的高科技手段，摆脱了传统的农活，展现出了现代化的面貌。发展的产业领域包括旅游观光农业、生物技术产业、农产品加工产业、温室工程安装制造产业以及种子种苗产业等多个方面，因此，这是一种以农业为核心的农业产业链整合模式。

另一种发展趋势则是朝着工业化方向迈进。目前我国大部分乡村地区还是以农业为主，所以大多数的人把主要精力放在粮食生产上。充分挖掘当地资源的潜力，积极推进私营经济的发展，促进土地流转。例如天津的东丽区和北辰区，由于交通便利，私营企业蓬勃发展，只有极少数的农民仍在耕种，工业成为乡村的支柱，而农业则相对次之。又如浙江嘉兴市嘉善地区，农业所占比例已降至不足10%，而其他行业则呈现迅猛发展之势。

推动服务业的蓬勃发展。大力发展乡村服务业，是加速推进城乡一体化进程的重要途径之一。由于近郊乡村靠近城市，而城镇化的进程则是将传统落后的乡村自然经济转化为现代化的社会生产力和用地空间，不断推进城市化进程，这一过程在近郊乡村中表现得尤为显著。目前，国内许多地区都开始了乡村旅游开发建设和农民市民化进程，这给城郊乡村带来新的挑战。城市人口和物流等方面的活动不断增加，对服务产业的需求也越来越高。在乡村服务业的发展中，将一些个体农业生产者纳入农业服务业的范畴，服务对象的差异形成了各自不同的服务体系，是农民的家庭服务体系和城市居民的生活服务体系。在客观的视角下，乡村和城市的服务存在一定程度的交叉，然而它们与城市的服务在某些方面存在差异。如果没有一个明确的市场定位，就很容易出现服务产品缺乏竞争力，甚至导致服务质量下降。因为服务的对象是特定的人群，所以每个人对于服务的需求都是独一无二的。因此，在制定服务模式时，首要考虑的是将服务对象定位于当地的主要受众群体，唯有如此，服务才能保持其生命力。

在新时代的发展趋势下，小型民宿已成为一种具有前瞻性的发展模式。对于小型民宿来说，土地问题至关重要。党的十九大报告提出了发展乡村产业的概念，即"小农户"，指的是特定于乡村的农户，他们所拥有的最宝贵的财产是土地等资源，这些土地被视为产业发展的重要资本。"三权分置"所涵盖的不仅是土地，还包括宅基地、自留地以及乡村集体所有地，其旨在利用工商资本，将乡村闲置的土地，全部用于推动乡村新兴工业的发展。现在有不少老年人也加入了这种农业服务中来，他们主要从事农业生产活动。将闲置的房屋转化为小型农舍，将闲置的菜地改造成家庭菜园，在假期吸引城市居民到乡下种植蔬菜，同时在闲置的土地上鼓励老年人从事种植、养殖等活动。

郊区的地理条件得天独厚，农民们在自家的小菜园里耕种当季的蔬菜，产品深受青睐。可以采用先订后送的方式，即农民报单、市民点单，再通知农民采摘，或者是集中配送，将一个乡村对应一个最近的社区，配送至社区或楼盘指定地点，顾客自提。这种方式不仅解决了生鲜配送中的损耗问题，还有效降低了配送成本。这种新的"农超对接"模式就是利用现代化信息技术与乡村资源相结合，实现产销一体化。采用二维码溯源、周末到农户体验监督、抽样检测以及村民共同承担责任的制度设计等多种手段，以确保农产品的品质和安全。近郊乡村应该利用好这个机遇，大力发展农业现代化，每个乡村都应该根据自身的发展特点和现有的条件，选择最适合自己的发展方向，只有这样，才能实现当地发展的科学化和可持续性。

乡村振兴的关键在于充分利用和开发所拥有的独特自然资源，使其发挥最大的潜力。将城乡区域工业与城市工业紧密结合，如果将城市工业作为一种资源开发利用，则会导致城郊乡村产业结构不合理，不利于区域经济协调可持续发展。因此，在确定近郊乡村的工业发展模式时，必须充分考虑城市工业的独特特征，以确保与城市工业的无缝衔接和错落有致，从而实现科学发展的目标。随着我国经济水平不断提升，社会对农产品质量要求越来越高，而近郊乡村由于受地理位置限制，难以满足市场需求，所以必须加快推进现代农业产业转型升级，才能保证农民持续增收。在近郊乡村的发展中，制定科学合理的产业发展规划，积极培育具有吸引力的龙头企业，并充分发挥区位优势，特别是在网上农业、订单农业、农业电商等领域加大力度，以推动农业现代化进程。

总之，城郊乡村既是一种经济现象，更是一种社会问题。乡村和城市并非截然相反的两个概念，尤其是近郊乡村，它们共同构成了一个不可分割的整体，乡村不仅为城市提供服务，同时也依赖于城市的发展来实现自身的发展，因此，无论是从产业发展的角度还是规模上来看，都应该将其置于城乡一体化的视野之中。随着我国城镇化进程的加快，近郊乡村的经济实力不断增强，同时也推动着城郊融合的步伐。无论从目前中国的经济结构、供给结构和需求结构的调整，还是从发展空间、资源和动力来看，乡村都拥有着巨大的发展空间和潜在的市场，这必然会为处在发展速度换挡、结构调整和发展方式转变阶段的中国经济带来很好的发展机会（张晓丽，2019）。

5.4 乡村产业规划原则

5.4.1 产业规划编制思路

基于目前较为成熟的城镇、工业区等产业规划的编制思路，提出了一种乡村产业规划的编制方法，其核心在于采用"自下而上"的规划路径，以"人""地"为规划基点，以"第一产业"为主的整体产业系统建设，并以"广泛要素"为主的区域导向模式。

（1）采用自下而上的方式进行线路设计

目前，城市工业规划为代表从上至下的规划技术路线，是将企业作为一个整体进行研究，并据此对其空间布局作出相应调整。产业规划就是对产业进行布局。在当前的城市产业规划中，一般会考虑到产业现状、外部产业发展趋势、政策环境以及与周边地区的竞争等多种因素，以确定产业的定位和发展方向。这种传统的产业规划思路，往往容易忽略对乡村地区自然资源禀赋优势、人文社会资源优势以及地方政府支持力度的考虑，导致规划结果缺乏针对性，不利于产业集群的培育及经济增长。然而，基于第一产业的乡村产业，必须以当地的地理、气候、水文等为支撑，参考外部产业的趋势、政策条件和周边区域的竞争等因素，让乡村产业的布局不偏离正确的方向，避免整个地区经济结构失衡。因此，乡村产业规划必须以尊重当地自然条件为前提，采用自下而上的方式进行。

（2）立足于以人和地为核心的规划管理

乡村工业的繁荣离不开第一产业的全面振兴，而这种振兴又紧密关联土地资源的有效利用。从经济学角度来看，土地是农民赖以生存和发展的基础，我国的第一产业生产效率直接受到人均耕地规模的制约，因此土地资源的合理利用对于第一产业的发展至关重要，如何合理利用有限的耕地资源，提高农业生产率已经成为一个亟待解决的问题。在美国、澳大利亚和加拿大等大型农业国家，人均耕地面积超过 50 公顷，农户依靠农产品就可获得可观的收益。在达不到一定发展面积的情况下，可以通过延伸农产品产业链，将与农产品相关的二三产业的价值转移。

（3）立足于第一产业，构建一个完整的工业体系

传统的工业规划注重于城市建设用地，而忽视了第一产业在城市建设用地之外的地位，难以实现一二三产业的有机融合。因此，要想真正提升城乡发展水平，就必须重视并促进乡村经济的全面转型。乡村产业规划应当填补城镇或产业园区产业规划的空缺，以第一产业为基础，将相关的第二、第三产业拓展至城镇建设用地范围内，从而实现一二三产业的有机融合。

（4）多要素城市功能区划

在有限的乡村或城镇建设用地上发展乡村产业的二三产业的空间布局，受到更多外部限制条件的影响。需要通过优化产业结构来解决"三农"问题，使其得到更好的保护和可持续的利用。以产业为主导，综合多种要素，对工业布局进行策划和指导。通过分析现有产业结构状况，提出适合不同地区的融合型农业产业空间布局结构。通过综合考虑人均土地资源、基本农田占比、交通区位、环境质量、经济实力

和历史文化遗存等多种现代农业类型（如大规模农业、设施农业、精致农业和生态农业等），对乡村产业进行适宜性评价，并制定出相应的乡村分区模式，以引导相关产业的发展。同时，还应该注意到不同地区应根据实际情况选择合适的主导产业和重点区域，从而为后续的产业布局提供依据。为了全面引导乡村产业的发展，必须从多个角度出发，包括但不限于产业类型、项目类型、乡村类型、人地关系、乡村风貌和配套设施等方面，而不仅是从产业本身和规划学的角度出发（魏延安，2022）。

5.4.2　产业规划基本原则

（1）以当地实际情况为基础，凸显独特风格

在乡村产业规划中，应当因地制宜，充分挖掘当地的自然人文资源，从历史沿革、群众意愿、政府政策、市场等多个方面入手，以发展特色产业为切入点，突出其独特之处，形成"人无我有，人有我优，人优我特"的核心竞争优势，使其在自然和文化上都拥有独一无二的"特"字，从而形成一种能够适应当地发展、具有地方特色的产业体系。

（2）以全局视角推进发展，强调向外拓展

在规划中，应强调"三产融合"，以一产为核心，以二三产业为重心，促进农业、旅游业、乡村电网和产业的有机融合。在产业布局方面，坚持走特色之路。通过结合引扶和培育龙头，以招商引资的方式吸引国内外的龙头企业，并积极支持和培育本土的优质企业，从而推动农业产业的发展壮大，扩大和加强区域品牌建设，进而带动本地产业的蓬勃发展。推进城乡一体化建设，使农民真正成为新乡村的主人，实现人与土地的和谐统一。在城市规划的过程中，应当注重促进城乡产业的融合和协调发展，将先进的生产力和生产方式推广至乡村，以新型城镇化为手段推动乡村产业的发展，从而实现乡村全面振兴的目标。

（3）凸显科技支持的重要性，突出科学引导的作用

凸显科技在规划中的地位和价值，通过以科技为基础、以科学为支撑的方式，对村落的自然资源进行深度挖掘，包括但不限于温度、雨量、日照、土壤等因素，筛选并找出最适合当地发展的相对优势产业。在此基础上结合市场需求和技术需求，制定合理可行的种植方案和加工工艺，并根据市场变化适时调整产品结构。在生产的全过程中，每一个环节都需要相应的技术支持，以确保生产的顺利进行。因此，只有把科学技术作为推动乡村经济增长的第一动力才能实现可持续发展。以乡村实际为基础，将科技创新和应用融入发展规划中，促进科技与乡村产业的深度融合和互动，激发农业农村发展的新动能。利用互联网技术，实现农产品交易全过程数字化管理，提高农产品质量安全水平，建立大数据监控和信息发布平台，紧密跟踪产业现状和市场动态，科学引导产业投资、生产和销售的决策，从而有效避免产业同质化。通过充分利用现代网络信息技术，协助小农户更好地融入广阔市场，持续拓展产品销售渠道，从而有效提升农民的收入水平。

（4）致力于解决制度难题，强调确保多元化的保障

在规划制定过程中，必须综合考虑土地、金融等多方面的配套设施。要进一步加大农业投入，增加农民收入，加快乡村劳动力转移速度。为推进全面深化改革创新，建立适应现代农业发展的体制机制，加强各类资源要素的保障，确保政策支持力度最大化。要加快新型城镇化进程，实现城乡一体化，使农民真正融入城市生活之中。建立全面的资金准入机制，加强对涉及农业的资金的整合和统筹，同时加强金融政策的支持，以推动农业的可持续发展。在此基础上，进一步深化农地制度改革、完善农地流转的政策和措施，加强对乡村农地的扶持和发展。加快构建一支高度专业化、适应现代农业发展需求的农民队伍，提高农业产业化经营水平，实现规模经营。为确保工业项目的可持续发展，必须建立一套完善的风险管理机制，包括多主体、多渠道的风险分担机制，

并由政府承担对其进行风险论证的责任，以避免在未充分考虑工业发展的情况下匆忙进行开发和推广；建立起一套科学有效的农业保险制度体系。为了应对自然灾害、市场波动、政策变动等不可控因素所带来的风险，需要深入探讨相应的产业保险机制，并采用多种手段来确保其适应性。

（5）加强职能分工，注重整体协同，提升工作效率和质量

为了推进乡村产业发展，要组建一支专业的规划团队，负责制定乡村产业规划，并协调指导每个县（区）的乡（镇）产业规划。县级政府应加强引导，发挥主导作用，应当担起整体规划的首要职责，制定有针对性的产业发展计划，注重城乡规划的协调整合，促进区域协同发展。乡村振兴战略中提到要重视农业生产，要把现代农业作为重点。在乡村"两委"的领导下，召集村民代表、乡贤、帮扶单位、乡镇相关部门以及专家学者等多方人士，展开广泛而深入的研讨。如果能够聘请一支专业的规划团队，深入挖掘自然和人文资源，制定出一套科学、合理的产业发展方案，那将有利于乡村产业规划的制定和实施。

综合考虑，乡村产业的蓬勃发展需要一个系统性的规划，只有这样才能确保乡村产业的可持续发展。在遵循自然规律和经济规律的前提下，符合市场经济要求，充分发挥规划引导的"指挥棒"作用，全面推进各项工作，才能进一步优化工业结构，实现工业可持续发展的"提质增效、兴乡村、富农民"目标（苏启，2021）。

5.5　产业空间布局

5.5.1　传统农业主导阶段产业布局

在传统农业为主导的阶段，我国乡村的生产力较低。随着工业化和城市化进程的加快，乡村的空间结构呈现出一种相对稳定的状态，

延续了传统乡村的基本模式。随着经济发展、社会进步和城市化进程加快，这种空间格局已经不能适应现代城市发展的要求。譬如珠三角地区是一个具有中国传统自然观念的典型区域，以山水为基础，强调"天与地"的和谐，其空间结构规则有序，整体性极强，且拥有一套完整的系统。经过实地考察和文献查阅可以发现，在传统村落中，最为典型的是采用块状梳子布局和水乡网状布局，这两种布局在多个因素上都呈现出一定的规律性，许多乡村在规划建设时都采用了相同的模式。在珠三角地区，梳状的乡村布局是最为普遍和典型的一种，其整体规划呈现出长方形的形态。这种结构形式与现代城市发展方向一致，但同时又保留了原有村落形态。留有一块空地，供村民们日常生活之用，同时也是晾晒谷物的理想之地。在这个小地块里，按照一定的规则将土地划分成若干区域，每个区域间又通过道路连接起来，形成一个整体。

5.5.2　乡村经济崛起阶段产业布局

随着我国步入改革开放的新时代，乡村产业也发生了显著的演变，乡村空间分布呈现出与传统村落空间分布形态截然不同的全新面貌。随着农业生产从分散的小规模向集约化方向发展，土地利用的空间结构呈现出更加多元化的趋势。在交通区位方面，在乡村内部形成了一个以乡镇为中心，由多个小城镇组成的网络型交通网络。乡村地区的人口增长和基础设施完善，得益于乡镇企业吸纳了大量的劳动力，这将对乡村空间格局产生深远的影响。在乡村聚落结构方面，许多乡村由单一走向多中心分布，形成多个居民点。随着农民生活条件的改善，许多村民的祖宅已经无法满足他们的日常生活需求，因此，一些村民开始在村后或原有建筑群的两侧兴建新的房屋，这些房屋是在传统村落的基础上向周围扩展的。

5.5.3 多元工业发展阶段产业布局

产业融合现象只有在进入多元产业发展阶段才会显现。我国农业与乡村经济结构正在进行调整，农业产业逐渐向多元化方向转变。然而，由于不同乡村的产业发展条件存在差异，导致它们在产业和布局方面呈现出明显的分化趋势，乡村空间结构的异质性将愈加显著。

（1）郊区乡村：传统乡村模式在很大程度上得以保留

由于多种因素的限制，城郊乡村的空间格局演变速度相对缓慢，与城区相距甚远。该地区拥有得天独厚的自然资源和环境优势，这为其未来的发展提供了广阔的前景。远离城市喧嚣的乡村保留着传统村落的形态特征。随着社会经济的不断发展，乡村人口向城市迁移，近郊村正面临着新的挑战。林果业、生态农业以及乡村旅游业，是推动产业发展的三大支柱产业。近郊地区乡村人口向城市集中，农业生产结构发生了改变。乡村旅游业的蓬勃发展对村落的空间布局产生了深远的影响，尤其是在各类旅游服务设施的建设方面表现得尤为突出。

（2）远郊村落：基本保持传统村落格局

乡村与城市的交汇处也是城市与乡村发展的交汇点，是城乡融合的前沿地带。随着我国城市化进程的加快和城乡一体化的推进，城郊型乡镇村的建设已经成为一个新的热点课题。随着城市因素的不断增多，城郊乡村的面貌发生了翻天覆地的变化，城乡之间的功能相互渗透，乡村的空间结构也将发生翻天覆地的变化。

（3）城中村：由住宅与第三产业主导，农业产业消失

部分乡村居民点被城市包围，形成城中村现象。城中村是我国城市建设过程中因经济利益和社会原因而形成的一种特殊类型乡村。城中村已逐渐演变为农民工的密集居住区，由于人口密度高、居住环境较差，受到城市化进程的冲击，其主要的工业发展方向已转向第三产业，而农业的痕迹则已逐渐消失。因此，在当前我国工业化和信息化

高度融合的背景下，城中村改造成为必然趋势，而城市建设用地紧张也给城中村改造带来新的机遇。在工业多元化蓬勃发展的时代，对于城中村的空间布局问题进行深入研究，既符合一般规律，又具备独有的特征。

第6章 宅基地布局与住房建设

6.1 宅基地布局设计

乡土聚落是一个由自然因素、人文环境以及历史记忆构成的有机整体。在传统和现代双重文化的冲击下，新民居作为一种区域文化，通过重新探索和定位，实现新老价值的平衡，并在多个方面与时代同步。乡村振兴战略要求将农业现代化作为核心任务，而乡村旅游则成为带动农业产业升级的重要引擎。乡村振兴所带来的经济转型发展，催生了乡村生产和生活方式的深刻变革，同时也催生了全新的居住形态。在此背景之下，"乡土建筑+旅游开发"是我国乡村建设、乡村旅游的一种新形式。在"农文旅"融合初期，居住建筑需要具备一定的前瞻性，以评估和判断未来村民、回乡人员等从"生产型"向"消费型"转变的生活模式。因此，为了满足客户在旅居、乡居、商用、公用等方面的需求，结合地域特色及当地历史文化，注重村落内部公共空间的建设，创造出适合现代人需求的住区环境，例如，将住宅进行可移动、可拆卸、模块化的整合，提供一站式、更先进、更舒适、更富有创意的小型人居解决方案。

（1）塑造全新的空间形态

乡村的蓬勃发展需要漫长的岁月，其所蕴含的独特文化内涵和传统形态，需要在漫长的历史长河中不断地继承、发扬与革新。作为一个民族或国家历史文化遗产之一的乡土建筑，也同样有着深厚的文化底蕴。

随着新时代的到来，建筑正在经历着空间、形式和功能的不断创新，建筑与生态、建筑与文化、建筑与人居的紧密结合，逐渐形成了一种从内到外不断加强的和谐统一的关系。因此，在进行生土建筑的改造与营造时，需要协调村落空间和建筑本身所包含的建材、装潢等元素，将乡土建筑作为一个整体，融入当地社会经济文化生活之中，以保持其文化内涵的完整性，而非仅停留在形式上的复制。

（2）推进经济社会一体化

乡村建设的主旨在于推动经济和工业的发展，无论采用何种方式、以何种目的，这一主题始终贯穿其中。随着社会的不断发展和进步，人们对生活质量要求越来越高，而乡村作为人类生存繁衍的主要场所，其面貌直接关系着人们的居住环境，影响整个国家的未来发展。在农文旅蓬勃发展、人民向往美好生活的时代背景下，装配式住宅是最能够满足乡村建筑经济、功能和生态发展需求的一种建造模式之一。

（3）考虑文化融合需求

我国乡村文化呈现出多元化趋势，通过建筑获得归属感，将村落作为整体进行保护，使其成为一个传承的场所。在文化教育领域，可以借助社区文化的力量，引入相应的艺术从业者，创建"守艺部落"，以此回馈乡土文化。还可以将一些具有历史价值和人文气息的传统民居改造为新的建筑形式，从而更好地展现其独特魅力。在这些建筑中，其核心构造、元素并非仅仅是为了满足建筑的设计理念，而是在历经多年后留下的浓厚的具有象征意义的文化底蕴。将具有地域特色的建筑保留下来，成为今天进行乡村建设的重要参照对象之一。因此，在未来装配式住宅将不仅是一种方便施工的时效性工具，而是乡村建设过程中的时代象征，彰显着新兴工业的创造优势。

（4）形成农旅融合新模式

"农文旅"的核心是农业，但在当前乡村产业融合的进程中，农业资源的利用效率并不尽如人意，甚至出现了一种"舍本逐末"的"去农业化"现象。装配式住宅是未来乡村经济和社会发展的方向之一，也是促进我国城乡一体化的重要力量。在乡村第三产业蓬勃发展的情况下，兴建装配式住宅，可为当地居民提供更多的消费资本，提升消费体验，在推动工业向下发展的同时，为乡村提供新的发展机遇。

（5）融入生态环保理念

传统乡村建筑模式所采用的材料和方式，以及装配式建筑采用的建材、设计和预制模式，均对未来乡村的建设模式产生深远的影响。在乡村建设中，将生态环保理念融入乡村建筑的建造过程中。相较于其他主流的乡村建筑技术，轻木屋、集装箱房等建筑形式更具适应性，该结构表现出卓越的气候适应能力，同时在后期维护成本和可再利用性方面均表现出较好水平。因此，"轻屋+集装箱房+轻型钢结构"将成为我国今后乡村新型建造体系发展的方向。KSI的建筑系统源自日本的组合式房屋开发，其独特之处在于采用了工业化方法，KSI建筑系统源于开放式建筑理论的演进，其核心理念和主要特点与装配式住宅的需求相契合。"KSI"是指"建筑主体S（Skeleton）"与"居住主体I（Infill）"完全分开的格局，如管线分离、公共管道设置、楼面架空和柔性隔断等，这些新材料的应用使得建造成本大幅降低，并提高了施工效率。与此同时，KSI结构在中国乡村地区具有很强的适应性，百年寿命可成为持久耐用建筑，充分满足乡村地区资源可持续利用的需求。此外，由于该技术具有良好的经济性，适合推广至村镇社区使用（詹友金，2023）。

6.2　传统民居住房改造设计

近年来，小城镇现代化发展取得了长足进步，但乡村现代化建设的顺利开展仍是一项亟待解决的挑战。如何更好地保护好现有民居，实现可持续发展，成为当前亟待解决的课题之一。深入推进乡村振兴建设，促进人的发展，需要不断研究不同地区传统村落的布局、建筑风格和历

史文化，并结合当地的气候和自然条件，巧妙地融入城市文明，以确保
民居的改造、设计真正服务于乡村和农民。因此，根据不同地区特点，
选择适合当地实际情况的建筑形式，注重乡土材料与工艺的使用，以满
足当前时代的需求。在改造过程中，巧妙地融入地方特色文化、民族风
情和建筑风格等元素，还要考虑到当地居民的经济承受能力，在保护和
传承的同时，避免破坏性的改造，使乡村建筑保持原有的风貌与魅力，
成为一种新的文化遗产。

　　中华大地广袤无垠，因其所处的地理位置、气候条件和文化传统等
多种因素，孕育出了各具特色的民居建筑。这些建筑不仅是当地人民在
生产生活实践中创造出来的物质成果，也反映出他们的审美情趣以及社
会经济发展水平，既承载着居民的生活历程，也是一种独特的文化载
体。因此，在乡村住宅建设中，必须拟定一套科学的计划和对策，以确
保其可持续性和有效性，如历史、文化、地域特色、现代城市建设需求
等方面，重新审视传统民居的价值所在。因此，在设计中，要在保留传
统民居建筑特色的同时，兼顾现代住宅对生活需求的反映。

6.2.1　传统民居住房改造设计原则

　　（1）适应性原则

　　在改造传统民居的过程中，以最大限度地保留其独特的民族文化特
色为前提，同时也要尽可能地保留其原有面貌。为了确保传统民居在新
时代得到更好的保护，必须秉持与当代生活相适应的原则，充分发挥其
在居住、观光、文化传承等方面的多重功能。同时，还要根据当地的历
史环境和社会经济状况进行适当的调整，使之成为适应现代城市建设需
要的建筑形态。如在进行改建时，对某些空间进行改良和创新，保留原
有功能的同时赋予其独特功能。

　　（2）生态性原则

　　在进行传统民居的建筑改造时，应该坚持以人为本的原则，保护当

地自然生态环境，将现代建筑设计理念融入其中，为居民营造一个良好的居住空间。现代建筑设计必须遵循生态学原理，将自然环境、社会经济以及人文文化等因素有机地融合起来。因此，在空间设计中，必须以尊重人文和生态环境为前提，保持建筑与环境的天然状态，传承传统生产生活方式，实现设计与生态环境的和谐共生。在进行建筑设计时，必须对建筑材料和色彩进行精心规划设计，采用高效节能技术，以最大限度地减少对环境的污染，从而让人们深刻地感受到原有生态的魅力。

（3）经济性原则

在进行改造设计时，必须遵循节约成本的原则，以确保资源的最大化利用。在建造过程中，由于受到多种因素的影响，往往会导致大量资源浪费，在设计中，若不能提供一种经济实用且符合实际的改造方案，将难以获得人们的认可，甚至无法完成整个工程建设。从我国历史文化传统来看，民居的建造需要大量人力、物力和财力的投入，因此，房屋的设计与建设要在符合当地环境条件以及人们生活方式的同时兼顾经济性。以湘西侗族互助式聚落为例，该聚落以木质结构为主，在改造过程中，政府给予足够重视，并在木材加工和生产方面提供支持，以实现建筑成本的节约、环保和满足人们需求的目标。

6.2.2　传统民居住房改造设计策略

（1）传统建筑：保持特有的元素符号并进行提炼

传统民居具备了独特的地域特色，因此在进行改造时，坚守传统形式，不能简单地对空间结构进行分解和改造，要根据地区的气候特点、历史、文化背景等因素来确定适合该地区生活方式的居住模式，使之成为具有独特地域特色的新型住宅类型。通过提取当地传统建筑的元素和独特符号，将其融入民居建筑的设计中，以确保该地区建筑所体现的民族特色和文化内涵能够长期发展和传承下去，同时保持传统原型的完整性。

（2）外墙改造：尽可能地保持原木原色和选用原始材料

在进行立面改造时，必须对原有的建筑基础进行修补，注重材料的原生态和整体性，彰显传统建筑的独特魅力。对于砖墙来说，可以将其拆除后重新利用，也可以采用砂浆抹灰或者直接砌筑墙体；对木质墙壁来说，裂缝的及时修复与加固，同时还要考虑到墙体本身所具有的特点，如防火性能、耐水性能、防虫防潮等。在选用木材为建设材料时，为了保持木材自然形态的完整性，要对表面进行抛光和光泽效果处理。在材料的筛选过程中，对于具有一定历史价值或艺术审美意义的建筑构件，可以优先考虑使用未经过加工的原材料。通过合理地利用当地资源，在提高建筑结构安全性和美观性的同时，实现建筑材料的绿色环保。以四川省甘孜州泸定县岚安乡为例，该乡将乡村文化融入房屋改造设计中，突出木质墙壁、小绿瓦倾斜屋顶等独特特色，以彰显其独特魅力。对于小青瓦坡屋顶的改造与设计，遵循传统的布局模式，尽可能地保留其原有的外观特征，同时在改造过程中，注重对门窗、栏杆、柱子等进行精细的改造。在室内装修方面，主要体现为绿色环保节能理念，注重家具的选材与装饰工艺，力求满足人们的需求。木质板材采用传统的榫卯结构，聘请经验丰富的工匠进行技术传承和设计，以确保对历史文化和技术的保护和传承。确保经过改装的住宅具备更加优越的居住体验、更加耐用的品质以及更加牢固的结构。

（3）屋顶整修：本土文化的保护与传承

在一些传统村落中，民居多采用青瓦小坡顶，屋檐下堆放薪柴的习惯。这种形式已经不能满足现代社会对居住环境的要求，需要进行改造与升级。在改造和设计的过程中，引入全新的能源设备，对房屋进行节能减排改造，探索出既能满足人们日常居住需求，又能有效降低建筑能耗的方法。对现有屋盖进行加固处理，要确保建筑设计的安全性和便捷性，屋顶下方的承重结构采用穿斗式砌筑和石混墙体，同时预留安装太阳能装置和放置柴火的空间，利用钢架支撑平台作为采光系统，设置隔离层。

(4) 微小的改进：传统工艺的继承与发扬

在我国以往的传统民居中，窗户材质多以木材为基础，这些已经无法适应现代生活需要，因此随着现代建筑技术的不断发展，在进行传统民居的改造时，必须融合"现代化"与"保留"的设计理念，例如门窗选用铝合金窗、玻璃幕墙的材质。在加强住宅的维护和加固工作中，在保证建筑物的整体完好情况下，根据不同地区的气候条件以及当地居民的生活习惯来确定建筑方案。同时还要实现传统工艺和现代工艺的完美融合。目前市场中出现的仿旧风格的建筑，其外观与传统建筑风格有较大差异，将门窗改为雕刻精美的花木门窗，雕花图案多为吉祥之物，这种造型简洁实用，且在一定程度上符合当地的风俗习惯。此外，在墙体上也采用了新技术，比如在墙体上刷涂料，使房屋看起来更美观，而且还能起到隔音作用。为了更好地展现当地的特色，应该尽可能地使用与原有房屋相似的木材来打造房间的窗户、窗台和栏杆。为了确保扶手不会因暴露于阳光下而发生断裂，必须对其进行涂漆加固处理。

(5) 将绿色节能纳入建筑物设计

北方人喜欢用粗犷豪放来形容他们生活中的一种状态——朴实无华，而这种朴实无华又是基于自然条件下形成的独特地域特征。以陕南的民居为例，其所呈现的文化特质包括"朴实无华"和"内敛稳重"两种不同的表现形式，这也正是南、北方人生活习惯差异之处。然而，南、北方传统民居在建筑设计方面也会存在一些瑕疵，如建筑空间布局缺乏合理性和科学性、建筑围护结构缺乏严密性等，这些都是造成南、北方传统民居能耗较高的主要原因之一。因此，在地区传统民居的改造和设计过程中，必须充分考虑当地气候条件，遵循节能理念和技术，采用节能外墙、节能窗，并充分利用太阳能等新能源，以实现对传统民居的改造。

①太阳能利用。传统住宅窗户尺寸仅为 0.8 米×1.0 米，面积相对

狭小，提高居民的生活质量和居住环境，在合理范围内，需要进一步加大窗户的使用面积，考虑将住户窗户尺寸扩大至 1.3 米×1.6 米，以提升阳光采暖的效能。此外，还需要提高门窗密封性能，防止灰尘和雨水进入室内，另外为了提高冬季室内温度，需要扩大朝南窗户面积，并加强屋顶夹层的通风工作。

②建筑布局合理。在寒冷的季节里，除人工加热为室内提供热量以外，自然热源是由太阳的辐射所产生的。为了充分利用这种天然能源，必须对建筑物进行合理的布置和构造处理。因此，在规划住宅朝向时，应当考虑到冬季日照充足的情况，确保住宅能够充分利用自然光线，民居建筑的选址方向确定为朝南北方向。

③窗墙比设置。在进行窗墙面积比的设计时，必须综合考虑冬季和夏季的风向、空气湿度、开窗面积以及建筑能耗等多种因素，以确保墙体朝向的适宜性。在陕南地区，考虑到夏季的高温和冬季的寒冷，门窗与墙体之间的间隔通常维持在 0.45~0.5 米。冬季由于太阳光线从南方照射而来，因此室内的墙壁和地面等可能会吸收太阳光线，导致室内温度不断攀升。如果窗户没有安装遮阳装置或者设置得不够完善的话，会导致室内外温差很大，从而影响人们的正常生活和生产活动。因此，在住宅建筑的设计中，应当优先考虑采用复合节能外墙和保温外墙，该外墙具有施工简便、造价低廉等优点。在选择保温外墙材料时，多孔砖、泡沫混凝土、加气混凝土、蒸压粉煤灰砖等材料能够有效提升墙体强度和保温性能。

（6）提升建筑设计的品质

在对传统民居进行改造与设计时，应当避免对原有建筑的重复使用，而是采用舍弃式继承的方式，以满足人们对居住空间的需求，从而赋予其独特的特色和魅力。通过提取传统建筑文化中的精神内涵和特色韵味，并运用现代化的理念和方法，对传统民居进行改造设计，从而提升建筑设计的品质。同时也可以将传统的艺术表现形式融入现代室内设计中去，使之更加符合现代人的审美习惯与生活方式。另外，在室内的改造过程中，还要注意色彩的搭配和质感的处理，必须遵循可持续发展的原则，利用改造后的砖块，通过从点到线、连线成面的方式，提取主题元素，以达到最佳效果。将原本封闭的空间变得更加开阔、明亮，以实现整个空间布局相互协调的效果。另外，汲取中国园林中的借景技巧，使整个空间呈现出更为灵动的气息，通过合理运用植物材料和色彩搭配手法，使得空间更富有生机（郭晓炜 等，2022）。

6.3　当代民居住房建筑设计

保存至今的历史文化遗产之一，即民居，它不仅包括住宅和祠堂，还包括庙宇、道路和居住环境等，这些建筑往往以其特有的形式反映着当地居民生活与生产状况。传统民居住宅，作为中国古建筑中最基础和最重要的组成部分，已经经历了无数的演变，在古代人们通常称为家屋，后来才有"宅"这个概念。此外，可以将传统的住宅视为一种具有居住功能的建筑形式。

6.3.1　当代民居现状

由于地理环境、气候条件、文化历史、社会生活、建筑技术以及建筑材料等多种客观因素影响，民居建筑的格局形态在长期内有所变迁。

（1）自然生态系统

民居与宫殿不同，其稳定性和连续性在一定程度上受到地理、气候、材料和生产等多种因素的制约，这种地域性建筑形式形成于特定的地理环境之中，其主要特征是以自然环境为基础，如地貌、气候和降水等，同时也与人类活动有关，也就是说传统民居形态受到多种因素的综合影响，其中包括但不限于温度、湿度、辐射和风向等，这些因素共同作用于一个地区的大气环境，形成了民居对气候的综合反映。由于地形、气候和水文等多种因素的综合影响，民居的形态和装饰呈现出独具特色的风貌，当地居民不仅致力于改善自然环境，同时也积极推动建筑事业的蓬勃发展，可以说建筑本身就是自然环境下形成的产物。自然环境不同，建筑类型也不尽相同，形成了各种各具特色的民居形式，民居形式受到影响，这种影响不可小觑，如苏南地区夏季酷热，冬季寒冷，由于这些特殊的自然条件，决定了这里的人民生活习俗与其他地方有着显著的差异。

（2）经济和技术体系

在建筑领域，经济性要求在材料的选择、施工方法的优化以及施工技术的改进等多个方面。建筑技术是建造建筑物的重要因素，它对工程造价有着决定性影响，同时也关系着人们的生命财产安全。建筑材料的适用性在很大程度上取决于材料与工艺的完美融合。我国建筑历史源远流长，在近代至中华人民共和国成立之前，基本上沿袭了传统的风格。随着社会主义建设事业的蓬勃发展，我国的建筑面貌也发生着日新月异的巨大变化，住宅建筑也在不断地蓬勃发展和壮大。不同地域的人民对生活方式和审美情趣有一定差异，这就使得各地区形成了各具特色的建筑形式。不同的建筑风格所呈现的地方特色各异，比如中国的木质结构具有独特性，而西方的建筑风格则更倾向于砖石结构。我国地域辽阔、文化丰富，各地区都拥有独特的风格和魅力，形成了丰富多彩的建筑样式。随着现代社会的迅猛发展，传统民居的形态逐渐与现代社会脱节，为了更快、更好、更有效地满足发展的需求，各个地区因气候、社会和资源等因素，产生了独特的经济和技术，并在不断地演变中，发展出了多种类型的民居：有宫殿、客家民居、黄土窑洞、古典园林等。

（3）文化的传承与发扬

风水观念作为我国传统建筑理论之一，在漫长的岁月里一直指导着人们进行各种建筑设计活动，并形成了具有鲜明地域性特点的"天人合一"观。这一地域特色的宗教信仰和风水学，不仅对民居产生了深远的影响，更彰显了一种自觉的历史人文意识。建筑作为物质产品，其本身就具有独特的地域性特征。地方特色的鲜明之处在思想传承中得到了充分体现，成为一种重要的文化载体。在长期的社会背景下，受到民间文化的深刻影响，由于思想的传承，人们的生存方式、精神内核等方面都经历了深刻的变革，最终演化出多元化的民间文化。在建筑领域，文化对平面、空间和立面的设计产生了深远的影响，如屋顶的形态，受到当地文化对山墙形态的影响，呈现出类似于山地的倾斜构造，极少出现任何"回顶"现象。

6.3.2 当代民居住房施工

（1）现代民居建筑创作方法

随着建筑事业的蓬勃发展，建筑设计领域也开始呈现出蓬勃生机。在现代建筑中，设计师们逐渐意识到了创新设计的重要性。通过积累和应用理论知识，将创意思维与创新技术相融合，呈现出科技发展的趋势，考虑人与建筑之间的关系，通过运用立意、布局和单体处理等手段，以满足人们对功能的需求为目标，对空间进行划分，形成层次分明的空间结构，并通过功能布局和空间划分的方式，展现出房屋的适用性。

（2）现代生活场所的影响

建筑是人类最古老的艺术之一，而居住则是其永恒的主题，同时也是最贴近日常生活和情感需求的一个领域。建筑是人类社会历史发展的产物，同时也是对当地人文风俗、地理条件以及地理环境进行综合考虑后形成的要素集合体。人们对建筑空间提出了更高的要求，从对安全的追求到对舒适的追求，将其与所处地域相融合，以守中取序，以期彰显文化之精髓。由于生活环境的多样性，不同的文化应运而生，正是这些差异赋予了它们独特的特质。我国是一个幅员辽阔的国家，受到气候、自然环境等多种因素的影响，各地有着丰富多样的建筑类型和风格，其中不乏具有特色的传统民居，如房屋的朝向、门的方向、窗户的尺寸，以及建造材料和技术，都会受到气候因素的影响，同时，人们对建筑的审美标准也是随着时代发展而不断变化着的，该现象的生成不仅受到自然环境的影响，还受到人民的生活方式和工作方式的塑造。随着经济的蓬勃发展，人口增长使城镇密度增加，城市发展所需的空间形态已经超出了原有的范畴。因此，可以将居住建筑看作一个复杂的系统，这个系统对其内部各要素和外部环境都有一定的依赖性，这些条件包括自然条件、社会文化环境及人类活动等。不同的影响因素会塑造出不同的民居特色，而人类居住环境的适应性则是通过对这些影响因素的适应过程来实现的。

（3）现代住房业绩

现代住宅建筑在追求自然的和谐共生的过程中，逐渐将目光投向了自然的形态，并根据山水的独特性，创造出与自身环境相得益彰的居住体验。遵循地域性是建筑设计必须遵循的原则之一，地域的多样性、结构的复杂性、发展的独特性以及文化的多元性在地域特征中得到了凸显，因此，设计时不仅要考虑人本身的生理及心理需求，还要充分考虑到人对居住环境所带来的影响。在建筑材料的应用上，必须兼顾当地的历史和文化底蕴，同时也要考虑到当地独有的特征和文化传承，不仅要求具有功能性，更需要考虑其美学价值，包括但不限于材质、颜色等方面，因为这些因素直接影响着建筑的最终效果。从某种意义上说，建筑材料决定着整个住区的面貌。

6.4　民居住房高效节能工艺

乡村的规划布局形式、建筑的空间组合结构，以及各种砖墙片瓦，都是构成人类居住环境的元素，对人们的生活品质产生着深远的影响。

随着社会经济的发展，人们对居住环境提出了更高要求，从宏观的规划布局，到中观的建筑空间结构，再到微观的建筑材料选择，都体现了绿色节能理念和技术方法的多样性。

6.4.1　住房绿色节能技术的不足

（1）宗法礼制、封建思想制约

宗法礼制以及封建思想对中国的传统宫殿以及民居的营造影响深远，儒学认为"礼"是一种"秩序"、其以"宗法"和"阶级"为中心，并以"阶级"和"等级"为基本特征。在建筑上，它已经变成了传统礼制的一个标志，从城市、建筑组群、亭台楼阁、庙宇高堂，到斗拱、门钉、装饰色彩等，都被纳入了礼的规则之中。

（2）较强的封闭意识

中国传统民居具有很强的封闭性，从城市的布局到房屋的每一块瓦片，都可以看出它的封闭性，这种封闭性既来自人的保守性，也来自长期的战争与野兽的侵袭时人对于安全性的考量。自人类早期以来，人们就有了"封闭"的意识，西安发掘出的"半坡城"，城内的建筑物都是封闭的，只有一些狭窄的入口可以进出，而城外还挖有一些沟渠，以抵御猛兽的入侵。这种封闭式的建筑手法，后来发展成了从殷商到明清的城市，城市分为外郭、外城、内城三道城墙，它们层层包围，形成了与外界隔绝的道道屏障。如北京四合院、福建土楼等，它们都是封闭的、窗口狭窄的。

（3）建造技术与材料的滞后性

在资源匮乏的旧社会，传统民居使用大量木材来建造房屋，纯木结构容易发生火灾和虫蛀，大量砍伐树木也会破坏生态环境，而用砖石做承重和保温会显得厚重且隔热性差。如今绝大多数建筑都使用钢筋混凝土做结构，以轻质多孔砖做隔间，具有保温降噪功能。

6.4.2　民居住房绿色节能工艺

（1）因地制宜、就地取材的原则

在科学技术和经济还不够发达的时代，古代人修建房子都是遵循因地制宜、就地取材的原则，这也造成了各个地区和各个民族因为自然地理环境的差异，他们的文化传统和建筑形式也存在差异。每一座城市都是先人成百年的心血结晶，房屋的结构、功能、材质、舒适度、美学都与当地的人文和自然有着密切的关系，而在当代城市和农村的发展也必须符合自然规律，并要尊重地区之间的差别。

（2）被动式节能为主，主动式节能为辅

建筑师在进行建筑设计时要注意"节能"这一概念，另外，要本着"以被动节能为主，以主动节能为辅"的原则，营造出一个更为舒适的室内空间。在极端严酷的条件下，当单一的被动节能技术无法满足建筑功能需求时，主动节能技术将会成为一种有效的辅助手段。

被动式建筑节能技术指的是利用对建筑进行非机械电气设备的介入，减少能耗的技术。在设计的过程中，对自然通风的建筑开口进行合理安排，并与建筑围护结构等的保温隔热技术相结合，从而达到减少建筑能耗的目的。积极式节能技术是一种利用机械设备介入手段，为建筑提供供暖、空调、通风等舒适环境的建筑设备工程技术，它还是一种利用最优的设备系统设计、高效的设备选择来实现节能的技术。传统的房屋也采用了积极的节能技术，例如传统的火炕以及利用太阳光而开发的加热、煮食等设计，现在已逐渐用空调及地暖等设备来代替原来的设备。只有利用持续发展的技术，让空调、地暖等设备变得更加智能化、节能化，对可再生能源如风能、太阳能、地热能等进行合理的利用，才能让建筑变得更加环保节能，才能对人类赖以生存的环境进行有效的改善。

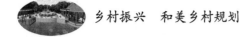

（3）不断应用新材料、新技术

从夯土到空心瓦，从茅屋到凉亭，每次产业革命促使生活方式更加方便，更加舒适。计算机仿真技术、大数据、人工智能等新兴技术正逐步应用于建筑领域。在建筑设计中，智能化的发展是一种对建筑的使用功能的革新，利用现代的高科技和信息传递技术，与当代建筑设计思想进行有机融合，使建筑智能设计能够推动"高标准，低能耗，高效率，低污染"的绿色建筑可持续发展（黄克俭，2022）。

第7章 乡村公共服务设施和
基础设施规划

7.1 公共服务设施

  乡村居民的生活和发展离不开有效的供给，这直接关系到乡村经济的繁荣和社会的稳定，对于推进社会主义新农村建设具有至关重要的作用。近年来，党中央对乡村问题一直非常重视，并将解决好"三农"问题作为全党工作的重中之重。在2004—2011年中央一号文件中，有4次提到了"加强乡村基础设施建设"，逐步提升乡村基础公共服务的质量和水平，加强乡村社会保障体系的建设。在2008年《中共中央 国务院关于切实加强农业基础设施建设进一步促进农业发展农民增收的若干意见》中，更是明确指出了"要把重点放在加强农业科技与服务体系的基础上"。我国乡村的公共物品供给和服务需求正在日益增加，而现行的乡村公共服务体系却存在着一些问题。在当前社会背景下，如何提升乡村公共服务的品质，已成为一项重要挑战。乡村公共服务设施的配置在现有的技术规范和标准中不够全面和深入，存在着缺乏统一规划、管理不善、资源浪费严重、基础设施落后、服务水平低下等问题，这些都极大地阻碍和影响了新乡村的建设进程。我国乡村建设正处于一个重要的历史契机之中，已经进入了"以工促农""以城带乡"的发展时期，这是一个加速传统农业改造、走出中国特色农业现代化之路的关键时期。因此，解决好这个重大课题对于全面推进我国乡村经济和社会事业具有十分重要的意义。

7.1.1 乡村公共服务设施内涵

（1）乡村地区的界定

引用国家统计局对乡村地区的定义，并将其与城市进行了比较，乡村地区指的是县（不包括城市）范围内的所有地域。国家规定的城市，以"市"为基本单位进行管理，被称为"市"；在省、自治区、直辖市所确定的范围内，被称为"镇"的地方，也就是所谓的"乡"，指的是包含"乡"和"村"的区域。也就是说，乡村与城市相呼应，是由从事农业生产的人口所居住的区域，它拥有独特的自然景观和社会经济条件。农业区，指的是以农业为主要经济活动的聚落和乡村，其中包括各种农场（包括畜牧和水产养殖场等）、林场（包括林业生产区）、园艺和蔬菜种植等。在我国古代，由于对土地没有严格划分所有权的规定，所以把广大农民居住在一个共同劳动地域里叫作农、乡或村。

（2）乡村公共事业的界定

公共服务是指提供公共物品和服务，主要内容是强化城市和乡村的公共设施，发展社会就业、社会保障，发展教育、科技、文化、卫生、体育等公共事业，提供公共信息，为人民群众的生活和参与社会经济、政治、文化活动提供保障和创造条件。在这些构成要素中，包括公共基础设施、公共教育、医疗卫生、社会保障、公共安全、住房福利、社会福利、环境保护等。学者们认为，公共服务体系是由政府主导的一系列公共服务体系的集合，其主要任务是提供基本且有保障的公共产品，以实现全体社会成员共享改革发展成果的根本目的。基础设施建设、公共教育、公共卫生和基本医疗服务、公共文化服务、就业服务、社会保障、公共安全等，是构成该领域不可或缺的要素（曹旭，2022）。

7.1.2 多元化的发展趋势

参照1993年版《村镇规划标准》中的土地规划和2018年版《城市居住区规划设计标准》，对乡村社区公用设施进行分类，包括行政、教育、文化、科技、卫生、商务、金融、邮电、社区服务和商贸等八个领域。每个分类都包括了公共设施建设内容和配套情况两个部分。在行政管理方面，村委会、居民委员会、派出所、垃圾收集点、垃圾转运站以及公共厕所等机构都扮演着重要的角色；社会保障主要包括社会保险、社会救济、社会福利、优抚安置等。在医疗保健领域，卫生院和诊所是主要的组成部分；生活消费包括服装、家用电器、日用品、饮食、娱乐用品、旅游、交通通信、邮电通信、文教图书。商业服务涵盖了多个领域，其中包括百货商店、食品商店、理发店、浴室、快餐店等；社会生活服务主要有交通物流、邮电通信、广播电视、文化娱乐等。金融邮电领域的业务范围涵盖了银行、信用社以及邮政网点等多个方面；商业服务业则是指批发、零售企业及各种服务行业。社区服务包括养老院、就业指导、家政服务等；集贸设施包括蔬菜、副食市场等。

目前，影响我国乡村发展的因素很多，其中之一就是农民思想观念落后，缺乏现代意识。一是在治理方面。当前我国乡村普遍缺乏村民小组，或现有的村民小组没有很好地发挥功能。二是在教育体制方面。21世纪教育研究院对10个省份的乡村中小学进行了一次抽样调查，结果表明，在乡村，小学和初中之间的平均距离分别是9.83千米和33.93千米。三是文化与科学技术方面。2020年底，全国乡村共有20万个乡村文化机构，乡村文化机构的覆盖率达90%。四是健康方面。2020年底，全国共有村卫生室90万个，全国农村村民人均村卫生室数量约为1∶506。行政村的村卫生室覆盖率达到97.5%。五是社会服务方面。2020年底，全国共有22.5万个乡村养老服务机构，其中以乡镇为单位的覆盖率达到了95%，以村为单位的覆盖率达到了70%，机构的工作人员达到了 120 万人，年底在院老人的数量达到了 300 万人。六是商务服务领域。2020 年底，全村拥有面积超过 50 平方米的商场、超市的比例为 20%。财政、邮政、邮政网点的比例分别为 70% 和 80%、90%。七是贸易与贸易的配套。2018 年底，拥有综合市场的乡镇有 2.8 万个，占 42.6%，拥有专业市场的乡镇有 2.9 万个，占 32.5%，拥有农产品专业市场的乡镇有 1.9 万个，占 14.1%（韩传龙 等，2017）。

7.1.3　乡村公共服务设施建设存在的问题

（1）公共事业供给严重不足

自改革开放以来，乡村经历了巨大发展，尤其是近年来，农民的生活水平得到了显著提升，然而，公共服务设施作为一种公共物品，仍然面临着严重的短缺，建设内容在质量方面相对滞后，无法满足农民不断增长的物质和文化需求。目前，我国乡村地区已经进入以工业化、城市化为主导的快速转型时期，城乡差距越来越大。因此，加快完善城乡一体化进程，解决"三农"问题成为当前我国经济工作的重中之重，而改善乡村基础设施则是其中重要的任务之一。

（2）投资渠道单一，建设经费不足

我国公共服务设施建设主要由政府资助，这就意味着地方政府是整个乡村公共服务体系中最重要的资金供给者。那些财力雄厚的城市以及归属于区（县）的乡村，其公共服务设施都呈现出相当完备的状态，但是我国存在较大部分地区的乡镇财政为经济欠发达的弱财力型。镇、村两级只能依赖于中央的转移支付来维持运营，政府已成为其主要的投资方，这种思维定式导致社会、企业等其他类型的投资在乡村公共服务设施中缺乏，投资渠道单一，从而导致建设资金严重不足，导致我国乡村公共服务基础设施投入不足、效率低下等问题。

（3）农民意愿被忽视

尽管农民在乡村建设中扮演着重要角色，但具备文化和技能的年轻人纷纷外出谋生，而留守的则多为老年人、妇女和儿童，他们的文化水平较低，无法积极参与乡村公共服务设施的建设中。政府在规划公共服务设施时，未能充分考虑到农民的真实需求，导致了与其实际需求不相符的局面。这就要求必须改变过去那种"重物质轻服务"的做法，将农民作为一个整体来对待。与此同时，"形象工程"问题也导致乡村公共服务设施的建设与农民的实际需求背道而驰。

（4）公共服务设施缺乏管理和维护

由于部分乡村公共服务设施未考虑到农民的实际需求，导致农民参与度不高，设施利用率低下，同时还有一些设施处于闲置状态，若长时间闲置且未进行适当的日常维护，常常会导致公共服务设施损坏甚至报废。另外，由于乡村人口比较分散，基础设施建设缺乏统一管理，致使许多乡村无法形成规模较大的公共服务中心和服务网点。很多乡村居民居住分散且远离县城和中心城区，有些地区的土地仍被工商业所侵占，导致公共服务设施的区位失衡。

7.1.4　乡村公共服务设施发展策略

构建完善的乡村社区服务网络，要明确基层社会服务体系的基本内涵，建立和完善以村委会为基础的服务组织，并将其纳入乡村社区综合服务中心的重要组成部分。在乡村，由村党支部委员会和村民委员会"两委"管理的办公室，以及村民集会场所，如为社区居民提供服务的服务站，包括广播、宣传等服务设施；文化广场和健身中心；一体化的社区卫生室；托儿设施、图书馆和其他公共设施；老人之家；公共事业所需的清洁和维护人员，以及相关清洁设备。

（1）引导农民发挥主导作用，培养自我管理能力

作为乡村社区公共服务体系的主要构建力量，农民担任着至关重要的角色。目前我国的乡村社会组织发展滞后于经济建设的步伐，必须加快其发展步伐，为广大农民提供更多的公共产品。培育农民的主体性和

责任感需要持续不断地进行宣传、教育和培训，这是一项漫长而复杂的任务。同时要通过多种渠道，如政府主导的各种培训活动，开展形式多样的文化娱乐活动等手段培养农民的主体意识。同时，应建立一种"由上而下，自下而上"的对话机制，以促进乡村居民的积极参与和意见表达，从而保障他们的知情权、参与权、决策权、管理权和监督权，使其成为乡村建设的"主人"。

（2）加大投资力度，提升服务质量和水平

在乡村建设的进程中，政府扮演着至关重要的角色，其对乡村基础设施的投资是乡村公共服务设施建设不可或缺的关键因素。因此，应当在一定程度上加大对乡村社会事业的资金投入，建立健全我国乡村基础设施建设的资金投入机制，以促进其可持续发展。从目前来看，我国的乡村公共产品供给存在诸多问题，如投入总量不足，结构失衡，地区不均衡等。为了满足居民生活与发展的根本需求，中央财政在相当大的范围内对乡村公共服务设施的投资比重进行了加大。另外，中央政府对地方政府的转移支付力度逐步扩大，在充分考虑中央与地方财政分担比例时，以不同乡村社区公共服务设施的性质为依据，特别是对于规模较大、基础较好的乡村公共服务设施，中央财政分担的比例相应增加。在加大对乡村社区公共服务设施的投资时，国家和地方政府将农民急需的公共服务设施列为优先考虑的项目，通过各种方式提高乡村居民对公共服务设施建设的参与度。乡村社区公共服务设施竣工后，需要由政府提供专业人员及设备，开展后续经营及维护。

（3）积极推进公益事业的发展

在乡村社区中，公共服务可分为纯公共品和准公共品两种类型，例如幼儿园、养老院、劳动技能培训中心和网络服务室等，这些服务可以通过市场化的方式进行运营，但需要鼓励企业、社会组织和个人进行投资。目前我国在发展新型乡村社区规划时，应将公共产品分为公益性项目和非营利性项目两类，分别采用政府财政提供和市场供给相结合的模式来建设，这一种模式不仅能够填补国家财政投入的不足，同时也能够有效地满足乡村居民对多样化乡村公共服务设施的需求。

7.2　乡村道路交通

近年来，全国范围内对乡村的建设实践进行了广泛而深入的研究，各地区积极推进乡村规划的编制和实施，已经取得了一系列显著的成果。乡村的基础框架和空间形态的重要构成要素之一，即乡村道路。乡村道路的规划设计对于提升乡村人居环境具有非常重要的意义，然而，目前对于乡村道路规划的研究相对较少，且在大多数乡村规划中，常常只是简单地套用城市规划的道路体系，例如只对乡村道路进行硬化和拓宽，而忽略了对汽车的需求，导致道路使用率低下，且一直未能解决"停车难"的问题，这种规划方法不能反映乡村发展的实际情况，不足以满足乡村生活、生产、生态等空间的需求。因此，为了更好地建设乡村和实现可持续发展，要深入探究乡村道路规划的方法论，重视乡村道路规划工作。

7.2.1　乡村道路交通存在的问题

在乡村道路交通系统中，存在普遍的问题，即乡村道路网络缺乏系统性、乡村道路网的不完整性，主要表现为路网密度不够大，交通量分布不均，交通组织不当，以及缺乏完善的交通安全设施体系等。乡村道路缺乏合理的规划，导致乡村道路系统的整体性不足和网络的脆弱性，乡村公路的等级混乱，其横断面形态单一，如忽略了汽车和非汽车系统之间的相互独立性，以及内部网络的"断头路"、道路连续性不足和乡村出入口少等道路网络问题，这些问题都会对车辆的通行造成不利影响。随着机动车流量的不断增加，乡村公路的宽度已无法满足需求。此外，乡村公路常常与房屋前的空地相结合，导致村民堆放的各种杂物占据了经常可见的乡村公路空间，使原本不宽敞的公路空间变得更加狭窄，道路等级的混乱也对行人的人身安全构成了一定的威胁，这不仅影响了人和车的正常通行，还对乡村景观环境造成了不良的示范和破坏作用。随着农民群众对于出行质量有了更高的需求，改善交通条件成为当务之急，要重视乡村地区交通基础设施建设。

7.2.2 规划和设计乡村道路要点

（1）尊重乡村，保持原貌

保持自然纹理的完整性，即保留了当地独特的自然特征。对于乡村道路的建设，应充分考虑到当地自然条件、历史文化传统以及人们的生产生活方式。在乡村公路体系的规划中，在合理的规划设计的前提下，应最大限度地减少对农林用地和宅基地的占用，尽可能地保护和修复乡村公路的原始肌理。对于某些特定的村落，应在不损害重要历史文物的前提下，尊重乡村特色；而对于一些具有特色的村落，则应在不损害重要历史文物的前提下，尽可能地保护和保留其原有道路。

（2）合理规划道路网

乡村路网建设是确保路网结构的合理性和路网密度的适度达到最佳的建设效果。随着社会生产力的发展，城市规模不断扩大，城市道路网络也随之不断地扩展延伸，道路网的构造和密度直接决定了其与内外交通的互联程度以及人们出行的便捷性。在规划设计过程中，必须综合考虑现有地形、水文等自然条件，以满足道路行车技术的要求，并充分考虑街坊间、各类建筑间、行人间的出入联系需求。

（3）满足市政工程管线的要求

随着乡村的蓬勃发展，人们对于美好生活的向往日益增长，因此各种市政工程管线的数量和种类也随之不断扩大。乡村中的工程管线已全部埋设于地下，沿着街道有序延伸，这些管线具有隐蔽性强，维护困难等特点，这就需要加大日常管理，做好日常维修养护工作。在乡村地区，市政工程所需的管道系统主要由污水、给水、电力、电信和燃气等多种类型的管线组成，管线的功能不同，其管径和埋设技术的要求也各不相同，如电力和电信管线的直径相对较小，占地面积较小，通常布置在街道两旁的建筑物附近；排水管线（雨污分流）所需的管径较大，其在道路横断面面积中所占比例较大，且需要符合一定的坡度规范，因此在进行道路设计时，必须密切配合街道纵坡的排水设计。

（4）注重田园风光设计

乡村道路在交通运输和居民出行等方面扮演着至关重要的角色，同时也是乡村风景建设中不可或缺的组成部分。随着我国城市化进程的不断推进，建筑逐渐向高密度化发展，导致乡村道路交通量增加，这就使得乡村道路的绿化美化工程十分必要。在乡村道路的划分中，主次干道和支路各自扮演着重要的角色，其中主干道和次干道以车辆和行人为主，为城市的交通运输提供便利，同时也为美化和建筑物的布置作出了重要贡献；支路作为主干道与街内建筑物之间的桥梁，承担了部分行人出行需求，并在景观小品的规划布局中扮演着至关重要的角色，通常沿街设置了休闲广场、景观绿地等，为行人提供了便捷的服务；此外，滨水步行系统可以使乡村街道更加具有特色，从而提升乡村形象，吸引村民前来观赏游玩。

（5）合理布置停车场

随着乡村轿车数量的不断攀升，乡村所面临的停车难题也逐渐浮现。目前我国有相当一部分乡村地区没有专门、合理、固定的公共停车场，大多数车辆只能在主干道两旁停放，这不仅导致了交通秩序的混乱，还增加了车辆交叉通行的困难。因此，在乡村公路建设过程中，必须全面考虑城市公共停车场的空间布局，以确保城市交通的顺畅和安全（杨云飞，2020）。

7.3　乡村市政基础设施

以产业兴旺、生态宜居、乡风文明、治理有效、生活富裕为总要求，逐步缩小和消除城乡发展差距，实现"农业强、乡村美、乡村富"的发展愿景。近年来，随着经济水平不断提高，国家对乡村建设投入力度也越来越大，为广大农民提供更多更好的公共产品和服务已经成为各级政府的主要工作内容之一。然而，目前我国乡村地区的发展呈现出不平衡、不充分，城市基础设施建设在乡村地区相对滞后，乡村与城乡之间的公共服务均等化仍存在显著差距。

7.3.1　乡村市政基础设施现状

在乡村规划建设范围内，市政基础设施是"生命线工程"的重要组成部分，承担着为村民提供有偿或无偿公共产品和服务，是一系列生活配套的公共基础设施，包括但不限于给水、排水、供电、通信、能源、环卫、照明及防灾等。目前，随着乡村经济的快速发展以及人们对生活品质要求的不断提高，国家越来越重视乡村地区的公共设施建设工作，乡村地区的公共设施需要进行相应的改善与升级。由于城乡二元体制的影响，导致大部分乡村缺乏完善的公共设施，尤其是对于一些偏远落后地区的村落来讲，缺乏良好的道路体系以及污水处理系统。我国城乡一体化进程缓慢的原因之一就是没有解决好乡村基础设施建设和管理问题，设施建设水平和建设标准在质量方面均未达到令人满意的水平，与人民群众日常生活密切相关的饮水、排水、供气等设施存在许多不完善之处，更需要加强管理、加大投入以改善其服务功能。如在供水领域，设施简陋，缺乏对水质安全的保障措施，管道管径设计偏小、铺设混乱、老化严重等问题广泛存在。如在污水处理方面，缺少有效的监管手段以及技术上的欠缺，导致部分乡村存在着"脏、乱、差"的现象，污水的排放往往呈现出散乱无序的状态，缺乏统一的收集和处理措施。如在用电上，尽管大部分乡村地区的电力覆盖率已超过98%，然而电力供应的不稳定性和线路的损毁现象仍然存在；尽管电话已经广泛普及，但大多数乡村地区仍处于"网络盲区"，缺乏与网络相关的设施和设备；薪柴、散煤和电力是主要的能源来源，而清洁能源如天然气的利用率相对较低，此外，液化气的价格昂贵，因此其使用率也相对较低；在环境卫生设施方面，缺乏完善的垃圾收集、运输和处理机制，垃圾来源未经分类，收运方式粗放，采用的是原始的填埋堆放方式，这对生态环境造成了严重的不良影响。乡村的公共厕所缺乏现代化的设施，缺乏有效的冲洗系统，显得十分肮脏，这些都是我国城乡一体化进程中面临的突出难题，需要进一步优化和改进。

7.3.2　乡村市政基础设施规划建议

（1）保障乡村用水安全方面

为确保供水的稳定性和水质，以及保障饮用水的安全性，需要采取一系列措施，包括但不限于更换或新建水源地、修建给水管道、铺设给水管网、增设消火栓、增设过滤沉淀以及进行消毒除菌等。同时还应根据不同季节制定出相应的用水量计划，确保供水系统运行稳定。除了对集水井及水源采取相应的保护措施以减少水源污染的可能性外，还应该积极倡导节约用水，以实现水资源的再利用。适时启动供水泵，以确保当地居民的用水需求得到满足。

（2）保障乡村安全排涝方面

乡村排涝设施的布局思路将聚焦于改善排涝渠道的卫生状况，减少污染负荷，并在现有条件下对排涝渠道进行全面整修，规范渠道剖面，实现明渠暗化，进而建立阶梯生态沟、人工湿地、生态塘、氧化塘、生态浮岛、小型污水塘和河岸生态湿地等，同时结合乡村道路铺设污水管道，建立集中的污水收集与处理设施。

（3）保障乡村环境卫生方面

在保障乡村环境卫生方面，必须配备完善的垃圾收集、运输、处理设施，并合理布置公共厕所。对乡村垃圾处理设备进行合理布局，要考虑到不同地区居民的经济发展水平及当地的自然条件，选择适合本地区特点的垃圾处理设备。乡村垃圾处理通常采用"户分类、村收集、镇处理"的方式，因此在乡村垃圾的分类、收集和运输方面，垃圾收运和处置设施的布置显得尤为重要。为了适应乡村人口密度的变化，公共厕所应采用无害化设计，并且建筑面积应该根据服务人数的不同而定，可以布置在人流量较大的道路、公共建筑和公共活动场所周围。

（4）保障乡村电、能、信安全方面

目前，乡村地区的供电状况处于稳定态势，并实现了区域全覆盖。为了使乡村地区的供电网更加规范化，需要对架空的电力线路进行整理。限制薪、柴、秸秆和散煤的使用，同时鼓励使用清洁能源，如太阳能、生物质能和天然气等，以提升能源设施的环保水平。为了实现乡村信息网的全面覆盖，乡镇政府应当加强与移动、联通和电信等通信设备的联系，以提升通信设备的配置水平。

（5）保障乡村照明安全方面

为确保乡村地区夜间活动的安全，街灯照明是一项重要的措施。在选择街灯时，必须考虑高效率、低能耗的灯泡，并确保其外形与周边环境协调一致。为确保夜间交通畅通，乡村道路路灯的布置应以高度在4~6米、间距约30米为宜；公路两旁及主要街道两侧，应设置照明灯具，建议将灯具的安装高度控制在3~4米，同时确保路灯和电源之间的距离不超过1 500米。

（6）保障乡村灾害防御体系方面

在乡村规划中，灾害防御体系虽然是最容易被忽视的一环，但它对村民的生命财产安全具有至关重要的影响，因此必须给予充分的重视和关注。在乡村的公共服务领域中，配置消防设施、森林防火设施和应急避难场所设施是至关重要的，因此，可以考虑在闲置的土地、广场、公园等场所设置一个避难场所，同时建立一个小型消防站和一个森林防火站。

第8章 生态保护与景观风貌

8.1 乡村生态保护

党的十九大报告提出实施乡村振兴战略，其目的是加快推进农业农村现代化。党的二十大报告指出，加快建设农业强国，扎实推动乡村产业、人才、文化、生态、组织振兴。农业兴则国家兴，全面推进乡村振兴是新时代建设农业强国的重要任务。通过扎实的工作推动乡村产业、人才、文化、生态、组织的全面振兴，以实现农业强国的宏伟目标，让乡村成为一个宜居宜业、美丽宜人的乡村。

党的十八大以来，对于"三农"问题的关注程度空前，积极推进乡村生态文明建设，致力于改善乡村人居环境，坚定不移地贯彻乡村生态红线，将和美乡村建设推向了一个全新的发展阶段。同时，新时代我国社会主要矛盾已经转化为人民日益增长的美好生活需要和不平衡不充分的发展之间的矛盾，这一变化必然会给乡村生态振兴带来许多机遇，同时也面临着诸多挑战。在新的历史时期，积极推进乡村生态振兴，致力于打造宜居宜业、美丽宜居的乡村环境，不仅与全面推进乡村振兴工作的顺利进行息息相关，而且对建设美丽中国产生了深远的影响。同时，还要不断探索和总结出适合我国国情的农业现代化道路和新型城镇化模式，为我国社会主义新时代乡村振兴提供强有力的支撑。因此，必须积极应对新时代的新目标、新目标所带来的新问题、新问题所带来的新挑战，坚持以生态环境的保护和改善为手段，致力于保护和促进乡村生产力的发展，从而实现乡村经济发展与乡村生态文明建设的相互促进（宋贵青，2023）。

8.1.1　积极推动乡村生态保护的内涵要义

乡村振兴的根基在于保护和维护乡村的生态环境。加快构建人与自然和谐共生的现代化体系，推动经济高质量发展，必须着力抓好乡村生态文明建设。以习近平同志为核心的党中央，立足于党和国家事业的全局，高度重视乡村生态振兴，在 2023 年中央一号文件中强调"建设宜居宜业和美乡村"。对于全面推进乡村振兴而言，乡村生态振兴作为一项有效的抓手，其内容构成方面呈现出高度的逻辑合理性。因此，必须从目标导向、发展理念、推进过程三个维度对乡村生态振兴进行精准的认知和深入的把握，同时适时梳理和科学分析"为何必须扎实推进乡村生态振兴""何种类型的乡村生态振兴才是真正的推进"等主题，以"绿色"为笔，勾勒出乡村振兴的最美底色。

（1）以生态创新为引领，推动乡村全面振兴

实现人与自然和谐共生、人地协调发展，必须把保护生态环境放到更加突出的位置，大力弘扬绿水青山就是金山银山的理念，努力营造良好生态环境。我国乡村振兴战略的重要组成部分之一是生态振兴，这与人民群众对美好生活的期望相契合。为此，国家采取了一系列有力措施，包括加强乡村生态文明建设、促进农业绿色发展、打造宜居宜业的美丽家园等，这些措施是推进乡村生态振兴的必然之举。在这一背景下，如何实现乡村振兴战略目标成为学术界研究的热点问题。以新时代为背景，深入推进乡村生态振兴和乡村振兴战略目标之间的逻辑关系，激发生态动能，为乡村产业、人才、文化和组织的振兴注入强劲动力，从而推动乡村整体振兴。

实现乡村产业的生态化发展是乡村产业振兴的核心任务，即通过改善和保护乡村生态环境，提高乡村产业的生产力，从而实现绿色发展的

目标。乡村的生态环境良好，不仅能够呈现出人们向往的田园风光、诗情画意和美丽的山水，还能够吸引研究者、投资者和建设者等相关人才在乡村扎根，从而推动乡村人才的振兴。同时，在乡村生态建设过程中，要注重培养农民对环境和生态系统的保护意识，使之形成良好的生活习惯和行为模式，最终促使其走上生产经营的良性轨道。良好的乡村生态环境有利于培育乡村精神和乡风民俗，乡村组织的振兴离不开营造良好的生态环境，这是其不可或缺的基础。

（2）以生态发展为基础，推进农业农村现代化

为了解决长期积累下来的生态环境问题，需要加大对乡村突出生态环境问题的综合整治力度，不断对乡村的山水林田湖草进行持续的重构，使其成为一个完整的生命体。农业和乡村现代化就是农业生产方式由传统向现代转变，农业经营组织从粗放型向集约型转变，农业产业结构从简单型向高效型转变，必须从根本上解决农业和乡村现代化问题，以实现可持续发展。中国的现代化离不开农业和乡村的现代化，只有这样，才能实现全面、科学和可行的现代化进程。我国农业、乡村现代化建设取得了显著成绩，但乡村的生态环境问题是一项极为显著的短板。由于城乡二元结构以及工业化、城市化等因素导致农民生活水平低下，大量土地抛荒和浪费严重。因此，在推进农业农村现代化的过程中，坚持将生态化贯穿其中，是对人类社会与自然关系异化的重新审视，具有预防性、前瞻性和全程性的特征，能够有效地将乡村与生态联系起来，及时扭转乡村土地资源撂荒和过度使用所带来的生态破坏。

8.1.2　乡村生态修复内容

乡村生态系统修复旨在通过本地植被保护、水资源管理、土壤保护、生物多样性保护等措施，恢复和改善受损乡村生态环境。修复过程涵盖问题识别、制订计划、植被恢复、水资源管理、土壤保护、生物多样性恢复、社区参与、监测和评估等环节，促进生态平衡、保护自然资

源，修复乡村生态系统，实现可持续发展。

（1）植被恢复

乡村植被恢复是一项重要的生态保护工程，旨在通过有效的植被恢复措施，修复受损的乡村生态环境，维护当地的生物多样性和生态平衡。乡村地区往往面临着严重的生态环境问题，如土地沙化、水土流失、植被退化等，这些问题不仅影响当地的农业生产，也威胁到当地居民的生活质量。因此，开展乡村植被恢复工作至关重要。植被恢复可以有效防治土壤侵蚀，改善当地的微气候条件，增加生物多样性，为当地居民提供更好的生活环境。

乡村植被恢复的主要措施主要有封山育林、退耕还林、沙漠化治理、生态廊道建设、乡土树种培育等。封山育林指在受损严重的山区，通过禁止砍伐、放牧等措施，让自然植被得以恢复生长。同时可以辅以人工种植乡土树种，加快植被恢复的进程。退耕还林指在一些边缘化的农田，可以通过退耕还林的方式，将其转变为林地或者林草地。这不仅可以增加植被覆盖率，还可以改善土壤结构，提高水土保持能力。沙漠化治理指在沙漠化严重的地区，可以采取造林、封沙、人工固沙等措施，遏制沙漠化的蔓延，恢复当地的植被覆盖。生态廊道建设是通过连接不同的自然保护区或者林地，建立起生态廊道，为野生动物提供迁徙和栖息的通道，增强当地的生态系统功能。乡土树种培育是在植被恢复过程中，应优先选用当地的乡土树种，不仅可以更好地适应当地的气候条件，还可以保护当地的生物多样性。

（2）水资源管理

乡村地区水资源管理面临着独特的挑战。与城市相比，乡村地区通常水资源相对匮乏，且分布不均衡。同时，农业用水、生活用水和生态用水之间存在矛盾，需要进行合理的资源配置和调度。

要实现乡村水资源的可持续管理，首先，要建立健全的水资源管理体系。包括完善相关法律法规，明确各方主体的权责，建立水资源监测预警和调度机制。同时要加强政府、农民和其他利益相关方的参与和协调，形成多方共治的格局。其次，要采取针对性的水资源开发利用措施。一方面要加大对农村供水基础设施的投入，提高农村饮水安全覆盖率；另一方面要推广节水灌溉技术，提高农业用水效率，减少农业用水浪费。此外，还要注重水环境保护，防治农业面源污染，维护农村水生态安全。再次，要加强水资源的科学管理和信息化建设。运用遥感、物联网等技术，建立健全水资源监测预警系统，为精准调度和决策提供支撑。同时要加强水资源统计核算和信息共享，提高水资源管理的科学性和透明度。最后，要注重水文化建设，增强农民的节水意识和环保意识。通过开展水教育培训、树立典型示范等方式，引导农民养成节约用水的良好习惯，共同维护好乡村水资源。

（3）土壤保护

乡村土壤是农业生产的基础，也是乡村生态环境的根基。然而，随着工业化和城镇化的快速发展，乡村土壤面临着严峻的保护挑战。化肥农药的过量使用、生活垃圾的随意丢弃，以及工业污染等问题，都对乡村土壤造成了严重的破坏和污染。

要切实做好乡村土壤保护工作，首先要加强对土壤资源的科学管理。一方面要完善土壤监测体系，定期对土壤质量进行检测和评估，及时发现问题并采取针对性措施。另一方面要大力推广先进的土壤保护技术，如保护性耕作、生物修复等，提高土壤的抗污染能力。同时，还要注重从源头上预防土壤污染。比如在农业生产中，要大幅减少化肥农药的使用，鼓励有机种植和循环农业，保护好土壤的肥力。在乡村生活中，要加强垃圾分类和无害化处理，避免污染物渗入土壤。对于工业企业，要严格执行环保标准，切实履行土壤修复责任。此外，还要充分发挥乡村居民的主体作用。通过开展土壤保护知识宣传和技能培训，增强广大农民的环保意识和保护技能。鼓励他们参与到土壤监测、修复等工作中来，共同维护好家乡的土地资源。

（4）生物多样性保护

乡村地区往往保留了丰富的自然生境，如森林、湿地、草地等，孕育了大量珍稀濒危物种。这些生态系统不仅具有重要的生态功能，如调节气候、涵养水源、维护土壤等，也是当地居民赖以生存的重要资源。保护好乡村生物多样性，对于维护整个区域的生态平衡至关重要。

乡村生物多样性面临的主要威胁包括农业集约化、过度放牧、过度采伐、基础设施建设等人类活动导致的生境破坏和碎片化。针对这些问题，可以制定科学合理的土地利用规划，划定生态保护红线，限制破坏性开发；推广生态农业、有机农业等可持续农业模式，减少化肥农药使用；鼓励农民参与生态保护，如退耕还林还草、建立社区保护区等；加强对濒危物种的监测和保护，开展迁地保护和野外放归等。

乡村生物多样性保护需要政府、科研机构、企业和当地社区的共同参与。通过培养当地居民的环保意识，鼓励他们参与到保护行动中来，不仅可以发挥他们的传统生态知识，也有助于提高保护的可持续性。同时，也要重视当地社区在生物多样性保护中的权益诉求，建立利益相关方的协调机制。

（5）农业可持续发展

乡村农业的可持续发展需要从多个方面着手。首先是提高农业生产的现代化水平。通过深化农村改革，推动农业适度规模经营，完善承包地经营权流转机制，发展新型农业经营主体，可以提高农业生产效率和竞争力。同时，还要加强农田基础设施建设，提升抗灾减灾能力，确保粮食和重要农产品的稳定供给。

其次是推动农业绿色发展。通过实施绿色生态导向的农业补贴政策，提高化肥农药利用率，推动畜禽粪污资源化利用，不断提升农产品质量安全水平，构建绿色低碳的农业产业链。这不仅可以改善农村生态环境，也有利于提高农产品的市场竞争力。

再次是促进乡村产业振兴。依托现代农业产业园、优势特色产业集群等重大项目，带动农业产业链条的绿色低碳发展。同时，大力发展乡村旅游等新兴产业，增加农民收入，提升乡村发展活力。

最后，还要持续巩固拓展脱贫攻坚成果，健全防止返贫监测帮扶机制，加强产业帮扶和就业帮扶，确保脱贫地区和脱贫群众的可持续发展。同时，要推动乡村建设和乡村治理协同发展，不断完善农村基础设施和公共服务，提升农民的获得感和幸福感，让乡村成为宜居宜业的美丽家园。

（6）生态旅游

乡村生态旅游是近年来兴起的一种新型旅游方式，它让人们远离城市的喧嚣，走进大自然的怀抱，亲身体验乡村独特的自然风光和生活方式。

首先，乡村生态旅游能让人们欣赏到大自然的美丽景致。远离城市的喧嚣，置身于青山绿水之间，呼吸着清新的空气，眺望远处的山峦和田野，感受大自然的恬静与宁静。在茂密的竹林中漫步，欣赏翠绿欲滴的竹叶；在茶园中采摘新鲜的茶叶，品尝清香的茶香；在河边捡拾五彩缤纷的鹅卵石，观赏溪水潺潺流淌。这些都是城市生活中难得一见的景象，让人感受到大自然的魅力。

其次，乡村生态旅游能让人们体验到乡村独特的生活方式。在乡村，人们的生活节奏相对缓慢，没有城市的匆忙与喧嚣。人们可以亲手体验农耕劳作，如采摘蔬果、喂养家禽等，感受农民的劳作乐趣。同时，还可以参与一些传统的民俗活动，如制作肥皂、吹奏狗尾草等，了解乡村独特的文化。与当地人交流，也能让人们更深入地了解乡村的生活方式。

最后，乡村生态旅游还能给人们带来身心的放松。远离城市的压力，置身于大自然之中，呼吸着清新的空气，欣赏着美丽的景色，能让人感到心旷神怡，身心都得到了放松。在乡村，人们可以远离工作和生活的烦恼，静下心来思考人生，重新审视自己的生活。这种身心的放松，正是城市生活中所缺乏的。

（7）废弃物处理

乡村地区的主要废弃物包括农业废弃物、生活垃圾和一些工业废弃物。这些废弃物如果处理不当会对当地的环境和居民健康造成严重影响。

首先，农业废弃物如秸秆、畜禽粪便等需要妥善处理。可以通过堆肥、沼气发电等方式将其转化为有用的资源。这不仅可以减少环境污染，还能为农民创造额外收益。

其次，生活垃圾的处理也很关键。可以建立乡村垃圾分类回收系统，鼓励居民参与。同时，可以在乡村建设焚烧发电或填埋场等处理设施，妥善处理生活垃圾。

此外，一些小型工业企业也会产生废弃物，如化工厂、制革厂等。这些废弃物如果直接排放会污染当地的水源和土壤。因此需要加强对这些企业的监管，要求企业建立污水处理设施，确保废弃物达标排放。

（8）环境保护教育

乡村环境保护教育的重要性在于培养农村居民的环保意识和行动能力。农村地区往往面临着资源枯竭、生态恶化等问题，如果不能及时采取有效措施，将会严重影响当地居民的生活质量。通过环境保护教育，可以让农民了解环境保护的重要性，掌握相关的知识和技能，主动参与到改善乡村环境的行动中来。乡村环境保护教育的内容应该涵盖多个方面。首先是自然资源保护，包括水资源、土地资源、森林资源等的合理利用和保护。其次是生态环境保护，如垃圾分类、污水处理、绿化美化等。再次是可再生能源的利用，如太阳能、生物质能等。最后还要注重乡村文化遗产的保护，让农民了解并珍惜自己的传统文化。

乡村环境保护教育的方式应该因地制宜，采取灵活多样的形式。可以通过学校课堂教学、社区宣传活动、实践操作培训等方式，让农民全面系统地掌握环保知识。同时还要充分利用当地的自然资源和人文资源，组织农民参与植树造林、清洁家园等实践活动，培养他们的环保意识和行动力。乡村环境保护教育的实施需要政府、学校、社区等多方面的共同参与和支持。政府要出台相关的政策法规，为环境保护教育提供制度保障。学校要将环境保护教育纳入课程体系，培养学生的环保意识。社区要发挥自身的优势，组织居民参与环保活动，营造良好的环保氛围。只有各方通力合作，乡村环境保护教育才能取得实效。

8.1.3 新时代乡村生态振兴的实现路径

在当今新的历史时期，以乡村生态振兴为手段，解决当前"三农"工作中出现的各种生态问题，全面推进乡村振兴，加速建立新的发展格局，将"三农"工作的重心放在乡村经济社会的发展上，已成为当务之急。因此，必须高度重视乡村生态振兴这一重大战略任务。推进乡村生态振兴是一项复杂的系统性工程，它牵涉到多个方面的因素和环节，需要从理念、技术和制度三个方面入手，才能取得实质性的进展。

建立完善的生态治理机制，推动乡村生态系统的振兴。为了确保乡村生态建设的可持续发展，必须进行全面的顶层规划，建立完善的制度体系，以确保乡村生态振兴的长期稳定和可持续发展。当前我国正处于工业化、城镇化快速推进阶段，生态环境问题日益严峻，制约了经济的持续健康发展，影响人民群众的身心健康。我国是农业大国，也是人口大国，如何实现乡村生态振兴就显得尤为重要。

（1）健全生态环境教育机制，培养新型农民

首要之务在于构建完善的乡村生态振兴人才培育和引进机制；实现乡村生态振兴的关键在于培养高素质的人才。乡村生态振兴的进程受到了人才短缺和农民综合素质不高等现实短板的严重制约，这些因素对其发展产生了深远的影响。当前我国在实施乡村振兴战略过程中，还存在

着一些制约因素，其中最重要的是缺乏有效的人才队伍支撑，尤其是缺少具有较强专业素养与实践能力的应用型人才。因此，必须在人才培养、农民教育培训和人才引进等多个方面采取积极措施，以确保乡村生态振兴得到充分的人才政策支持。

（2）加大政府扶持力度，加强人才队伍建设

为了储备乡村生态振兴人才，各级农业发展部门应与当地农业、林业、畜牧业等相关高等院校展开紧密合作，共同制定招生政策、人才培养指南、绿色农业课程教学方案以及相关奖助政策等，同时长期开设生态农业人才定向培养班和农民进修班。同时，还要加强对新型职业农民培育体系建设和乡村生态文化建设，提升新型职业农民综合素质水平，增强他们参与乡村生态建设的积极性。

（3）强化基层考核评价指标体系建设

建立完善的乡村工作绩效评估机制。为了巩固脱贫攻坚成果，我国各级农业发展部门应持续关注各地区乡村生态振兴目标推进的具体情况，并因地制宜，积极推进乡级政府绩效评估制度的改革，不断完善乡村生态文明建设考核评价指标体系，建立以乡村绿色经济发展成果为导向、以乡村人居环境建设、生态振兴贡献、生态文明学习开展情况等为指标的全面考核制度（王闻萱 等，2023）。

8.2　乡村景观风貌规划

为了实现乡村社会、经济、环境的可持续发展，乡村景观风貌的规划与设计需要运用跨学科知识，从整体上统筹规划与设计各类景观要素，以保持其完整性和人文特质，同时创造出一个优良的人居环境，充分挖掘其经济价值，维护生态环境，实现"三位一体"的目标。乡村景观风貌设计是为了满足人类生存和发展的需要，是人类改造世界和改造社会的手段之一。在乡村规划中，景观规划的目标是通过自然、经济

和社会三个方面的综合考虑，创造天人合一、情景交融、社会与自然相结合的最佳环境，以维持景观生态平衡，促进人的身体和精神的全面发展。通过对生态理论和规划设计方法的研究，提出了以生态学原理指导设计和建设乡村景观风貌体系的思想，并将这一思想运用到实际工作当中。

8.2.1　乡村景观风貌规划基本原则

（1）以人为本原则

在乡村的景观风貌中，必须重视生态方面的要求，秉持绿色、低碳、环保的理念，致力于实现资源的循环利用，以构建一个优良的生态系统为目标。同时，还要注意保持生态平衡，合理开发自然资源。为了最大限度地减少环境污染，必须高度重视环境管理，以避免对自身和周围环境造成任何不良影响。因此，必须重视景观设计和建设工作。景观规划与设计的生态学原则，旨在营造一个宁静、宜人、自然的生产、生活和旅游环境，这也是提升园区景观品质的基石。

（2）厉行节约原则

为了实现更大的经济利益，促进旅游观光和公园改造，规划和设计必须将经济生产与公园建设相互融合。通过分析我国目前休闲农业园区的现状可知，对于各类采摘园而言，采摘是一项具有显著经济效益的活动，因此，在规划和设计过程中，必须精益求精，特别是在非采摘季节，要注重吸引游客，以进一步提高经济效益。另外，在园林绿化施工过程中也应该重视园林内的种植活动，使其成为城市景观中不可或缺的一部分。

（3）共同参与原则

在旅游领域，村民已经成为一种全新的文化现象，他们通过直接参与体验和自娱自乐的方式来展现自己的魅力。这种新型的乡村旅游发展模式也给我国传统农业带来了前所未有的挑战与机遇。

（4）特色性原则

景观规划设计的特色性原则在于深入挖掘乡村在自然、经济、社会、历史、文化等多个方面的独特特征，以乡村的实际情况为基础，选择恰当的切入点，使之呈现出独特的风貌，拥有更多的特色，从而使乡村更加具有吸引力。

（5）文化原则

当提及农业时，往往只关注其生产性，而忽略了其所蕴含的文化内涵，因此，在规划和设计风景园林时，必须充分挖掘乡村固有的文化资源，如当地的风土人情、民间文化、名人典故等，并通过陈列展览、模拟表演等方式进行全面开发，以提高乡村文化水平，实现风景园林资源的可持续性发展。

（6）多样性原则

在乡村景观规划与设计中，必须遵循多样性原则，即在乡村的品种组合、区内微细空间的布置以及景观资源的分配等方面，展现出丰富多彩的特征，以彰显其独特性（于潇倩，2011）。

8.2.2 乡村景观风貌规划设计策略

（1）保护传统建筑风貌

乡村传统建筑是乡村文化的重要载体，在乡村振兴中扮演着关键角色。近年来，越来越多的优秀乡村设计项目在保护传统建筑的基础上，融合现代元素，呈现出迷人的乡土风貌。

尊重原有肌理，整合新旧元素。在改造项目中，设计师应充分尊重原有建筑的格局和肌理，形成新旧建筑的并置和对话，让传统与现代融为一体，焕发出当代乡村独有的活力。利用本地材料，体现乡土特色，在新建或改造过程中，应充分利用当地的自然材料，以呼应乡村的自然环境。同时，建筑造型也应遵循当地的传统建筑类型，体现乡土特色。这不仅有助于建筑与环境的融合，也能增强当地居民的认同感。例如在某些乡村改造项目中，设计师通过对部分建筑的改造示范，带动了当地居民自发对自家房屋进行修缮，实现了以点带面的示范性推广。这种自下而上的方式，不仅能更好地满足居民的需求，也有助于传统建筑风貌的整体保护。结合乡村产业发展，乡村振兴不仅需要保护传统建筑，也应结合当地的产业发展。例如，通过引入高科技产业或发展乡村旅游业，带动乡村经济的同时，也能为传统建筑的保护和利用创造条件。注重居民参与，实现共创共享，乡村改造工作应从基层做起，与当地居民共同商讨、共创未来。只有充分尊重和吸纳居民的意见，才能真正实现传统建筑风貌的保护和乡村振兴的可持续发展。

（2）统一乡村整体风貌

乡村振兴是一个系统工程，需要从空间布局、构成要素和内涵本质等多个层面进行整体统筹。乡村是国土空间规划的重要组成部分，是自然生态、聚落环境、绿色产业和地域文化等形成的多层次复合系统。因此，在设计中要充分考虑乡村的整体性和系统性，实现生态、生产和生活的有机融合，塑造具有乡村特色的整体风貌。

生态性景观设计，保护和修复乡村的绿地和水域景观是设计的基础。应充分保护好基质性绿地，通过补植背景林、种植经济林和观赏林来丰富物种多样性。同时要注重廊道的设计，保证其有足够的宽度并融入乡村文化元素。对于水域景观，要疏导河流、扩展浅滩区，并采用自然生态驳岸来防止水土流失。生产性景观设计，改变传统的分散式农田布局，集中耕地扩大耕作半径。发展林果、蔬菜、花卉等多种产业类型，带动餐饮、服务和旅游业的发展。同时要注重农田、果园和养殖场的景观化和休闲化处理，塑造富有震撼和细腻的农田景观。生活性景观设计，在保留乡土建筑特色的基础上，采用钢筋水泥为主体结构，外表和内饰融入当地传统建筑材料，加大门窗洞口面积，营造出乡土气息浓郁却又不失时尚感的建筑群落。对于乡村空间场所，如街巷、广场、入口、庭院等，要依据现有植物骨架结构进行填充和丰富，并采用与农家生活相关的景观装置，体现乡村文化特色。

（3）创新设计乡村景观风貌

乡村景观风貌创新设计需要在尊重乡土文化传统、因地制宜、注重可持续发展、促进城乡融合发展、创新设计理念和手法等方面下功夫，让乡村焕发新的生机与活力。

尊重乡土文化传统，在进行乡村景观设计时，应充分挖掘和保护当地的历史文化元素，如传统建筑风格、乡土材料、民俗活动等，让新的设计与乡村的历史文脉相融合，传承乡村独特的文化特色。这不仅能增强居民的认同感，也能让乡村保持独特的风貌魅力。因地制宜的设计方法，乡村景观设计需要因地制宜，充分考虑当地的自然环境、气候条件、资源禀赋等特点，采用适合当地的设计手法和材料，让设计方案与乡村的自然环境和生活方式相协调。例如利用当地的竹子、石材等自然材料进行建筑设计，以最大限度地减少对环境的影响。乡村景观设计应该注重可持续发展，在满足当前需求的同时，也要考虑未来的发展需求，可以通过合理规划土地利用、优化资源配置、提高能源利用效率等措施，实现乡村建设与环境保护的协调发展。同时，还要注重居民参与，让他们成为乡村建设的主体，增强他们的主人翁意识。乡村景观设计需要不断创新，摒弃传统的单一设计模式，采用更加灵活、多元的设计理念和手法。可以借鉴现代建筑设计理念，融合乡土元素，打造具有时代特色的乡村景观，还要注重利用数字技术手段，提高设计的科技含量和实施效率。

第9章 文化遗产保护和文化延续

9.1 文化遗产保护

9.1.1 文化遗产保护概念内涵

文化遗产保护最早出现于 20 世纪中期的国际公约中，后来在 1972 年的《保护世界文化和自然遗产公约》中，联合国教科文组织首次使用了"文化遗产"这一概念，文化遗产是人类社会发展过程中形成的有形或无形的文化成果，是一个国家或民族的精神财富和文化根基。

保护文化遗产的物质载体，包括具有历史、艺术或科学价值的建筑物、纪念碑、考古遗址等有形文化遗产。保护这些物质载体是文化遗产保护的基础。保护非物质文化遗产，包括口头传统、表演艺术、社会习俗、仪式、节庆等无形的文化表现形式。这些非物质文化遗产承载着一个民族的历史记忆和文化特色。文化遗产不仅包括物质和非物质的文化成果，还包括它们所依存的自然环境和社会文化环境。这些环境和背景也是文化遗产不可或缺的一部分。传承和发展文化遗产，不仅要保护现有的文化遗产，更要通过传承和创新发展，让文化遗产在现代社会中持续发挥作用。

文化遗产保护的概念和内涵已经从单纯的物质文物保护，拓展到包括非物质文化遗产、文化环境以及文化遗产的传承发展等多个层面。这体现了文化遗产保护的系统性和动态性，是一项复杂而又重要的社会工程。

9.1.2　乡村建设文化遗产保护存在的问题

乡村建设中文化遗产保护是多方面的，涉及规划、资金、法律、人才等多个领域。有效进行文化遗产保护，需要政府、社会及公众共同努力，增强文化遗产保护的意识，完善相关法律法规，加大资金投入，并建立健全文化传承机制。只有在保护与发展的双重框架下，才能实现文化遗产保护的可持续发展，保留珍贵的文化遗产。乡村建设文化遗产保护主要存在以下问题。

（1）规划缺失与重开发

在乡村建设的过程中，文化遗产的保护常常被忽视，规划缺失与重开发是其中两个关键问题，影响着文化遗产保护的可持续发展。

缺乏整体性规划，许多乡村在建设过程中没有制定系统的文化遗产保护规划，往往是根据短期经济利益进行开发。这种缺乏整体性和长远视角的规划，导致文化遗产在乡村建设中的地位被严重削弱。政策执行力度不足，即使有些地方制定了文化遗产保护政策，但在实际执行中往往缺乏力度。政府部门对文化遗产的保护工作重视不够，保护规划形同虚设。乡村建设往往被经济利益驱动，所制定的开发项目受到优先考虑。许多传统建筑和文化景观被视为"阻碍"，被拆除或改建，导致文化遗产遭到不可逆转的破坏。在许多情况下，地方政府和开发商追求短期的经济效益，而忽视了文化遗产的长期价值。这种短视行为不仅破坏了乡村的历史文化，也损害了其潜在的旅游吸引力。

（2）公众意识淡薄

对乡村建设文化遗产的公众保护意识淡薄的问题确实值得关注。公众对文化遗产保护的认知不足，许多人对于什么是文化遗产、为什么要保护文化遗产等基本概念了解不够深入，这导致他们无法真正意识到文化遗产保护的重要性和必要性。缺乏系统的公众教育和宣传。政府和相关部门在文化遗产保护方面的公众教育和宣传力度不够，没有充分利用各种媒体和渠道来增强公众的保护意识。许多乡村居民生活水平较低，生活压力较大，更多地关注眼前的生计问题，对文化遗产保护的重要性认识不足。一些地方在追求经济发展时，忽视了文化遗产的保护，导致大量文化遗产遭到破坏。这进一步加剧了公众对文化遗产保护重要性的认知缺失。目前，公众在文化遗产保护中的参与度较低，缺乏有效的公众参与渠道和机制，这使得公众难以真正参与到文化遗产保护的实践中。

（3）文化传承机制不健全

乡村建设中文化遗产保护和文化传承机制不健全，是一个需要引起高度重视的问题。目前乡村地区的非物质文化遗产资源调查和档案建设还存在不足，缺乏全面系统的记录和保存工作。这使得很多珍贵的乡村文化遗产信息难以得到有效保护和传承。乡村地区的非物质文化遗产代表性项目和传承人认定、管理等制度还需进一步健全完善。缺乏科学合理的分类体系和动态调整机制，难以确保代表性项目和传承人的有效保护。很多乡村地区在新型城镇化建设中，未能充分考虑非物质文化遗产及其赖以生存的文化生态环境，导致文化遗产保护与当地发展存在矛盾。缺乏整体性的保护规划和措施。乡村地区非物质文化遗产保护利用的公共服务设施建设相对滞后，缺乏专业的非物质文化遗产馆、传承体验中心等。这限制了公众对乡村文化遗产的认知和体验。部分乡村居民对文化遗产保护的重要性认识不足，参与度不高。这使得文化遗产保护缺乏广泛的社会基础和动力。

（4）生态环境与文化遗产的矛盾

良好的生态环境是文化遗产得以保护和传承的基础，而文化遗产又是乡村特色和魅力的重要体现。一方面，乡村建设与文化遗产保护之间存在一定的矛盾。许多传统村落和历史建筑往往位于乡村地区，在城镇化和现代化进程中面临着被拆除或改造的风险。为了满足发展需求，一些地方不可避免地会对文化遗产进行改动或破坏。另一方面，文化遗产保护与生态环境保护也存在一定的矛盾。一些文化遗产建筑或遗址位于生态敏感区域，如自然保护区、湿地等，保护这些文化遗产可能会影响到当地的生态环境。

9.1.3 文化遗产保护措施

（1）建立综合的保护措施，实现可持续发展

要加强对乡村文化遗产的调查和评估工作。政府组织专业团队，对乡村地区的历史文化、民俗风情、自然景观等进行全面系统的调查和评估，建立健全的文化遗产档案，为后续的规划和保护工作奠定基础。同时要充分听取当地居民的意见和建议，尊重他们的文化认同和生活方式。要制定科学合理的乡村文化遗产保护规划。在规划中明确文化遗产的保护目标、保护措施和管理机制，并将其与乡村建设的整体规划相结合，确保二者的协调发展。同时要注重保护与开发的平衡，避免过度开发导致文化遗产的破坏。如在安徽歙县，当地政府制定了"一村一品"的乡村振兴规划，有效保护了当地的徽派建筑和民俗文化。要建立健全的法律法规体系，为乡村文化遗产的保护提供制度保障。政府出台相关的法律法规，明确文化遗产的保护责任和义务，加大对违法行为的惩处力度。同时要建立健全的监管机制，加强对乡村建设项目的审查和监督，确保文化遗产不会在开发过程中遭到破坏。

（2）多措并举，努力提升公众对文化遗产的保护意识

要加强公众教育和宣传，增强全社会的文化遗产保护意识。政府和相关部门应该通过多种渠道，如新闻媒体、学校教育、社区活动等，向公众宣传文化遗产的价值和重要性，让大家认识到保护文化遗产是每个公民的责任。同时要注重发挥文化遗产本身的吸引力，组织各种文化活

动，让公众亲身感受到文化遗产的魅力，从而自觉参与到保护工作中来。要建立健全的公众参与机制，为公众参与文化遗产保护提供制度保障。政府应该制定相关法规，明确公众参与的权利和义务，为公众提供多种参与渠道，如公众咨询、公众监督等。同时要注重发挥社会组织的作用，鼓励和支持各类文化遗产保护团体的成立，为公众参与提供平台。要加强对文化遗产保护工作的公众监督。政府应该建立健全的公众监督机制，为公众提供反映问题、提出建议的渠道，并对公众反映的问题进行及时处理。同时要注重发挥舆论监督的作用，鼓励新闻媒体对文化遗产保护工作进行全方位报道和监督。要注重发挥文化遗产在乡村振兴中的作用，让公众切实感受到文化遗产保护与自身利益的关联。政府应该制定相关政策，鼓励和支持将文化遗产融入乡村建设中，如发展乡村旅游、传统手工业等，让公众从中获得实际利益，从而自觉参与到文化遗产的保护和传承中来。

（3）完善管理机制，实现乡村文化遗产的有效保护和传承

建立健全文化遗产普查、登记、保护、传承等全流程管理机制，加强对文化遗产的系统性保护。同时，加强对文化遗产保护工作的监管，确保各项保护措施落到实处。政府应加大对乡村文化遗产保护的财政投入，为文化遗产的修缮、保护、传承等提供必要的资金支持。鼓励社会资本参与文化遗产保护，通过政府引导、社会参与的方式，为文化遗产保护注入新的动力。将文化遗产与乡村旅游、特色产业等相结合，挖掘文化遗产的经济价值，带动乡村经济发展。通过"非遗+产业"的模式，让文化遗产"活"起来、"动"起来、"用"起来，让广大农民从中获得实际收益。鼓励社会各界参与到文化遗产保护和传承中来，增强公众的文化遗产保护意识。通过开展文化遗产宣传教育活动，让更多的人了解和认识文化遗产，增强对文化遗产的认同感和责任感。

（4）系统思考与综合施策相结合，实现和谐共生

乡村建设中，需要全面调查和评估当地的文化遗产和生态环境现

状，充分考虑两者的相互关系，制定切实可行的保护措施。比如合理规划建设用地，尽量避免对重要文化遗产和生态敏感区域的破坏。在开发利用文化遗产资源时，要坚持保护优先的原则，通过"保护性开发"的方式，既满足经济发展需求，又最大限度地保护好文化遗产和生态环境。如发展特色文化旅游，提升文化遗产的经济价值，同时要严格控制游客规模，减少对环境的影响。政府部门、专家学者、企业、社区等各方利益相关方应该建立良好的沟通协调机制，共同研究解决文化遗产与生态环境保护的矛盾，达成共识，形成合力。多文化遗产本身就蕴含着丰富的生态智慧，如传统的农业生产方式、建筑技术等。我们应该充分挖掘和利用这些生态价值，让文化遗产成为乡村生态建设的重要依托。

9.2　乡村文化延续

随着城市化进程的加速和乡村社会的演变，传统村落的消失和空洞化日益严重，这导致了一系列的社会和文化问题，这些问题限制了乡村振兴战略目标和任务的落实。《中共中央　国务院关于做好 2023 年全面推进乡村振兴重点工作的意见》强调，必须凸显地方、地域和民族的独特特色，积极推进乡村文化的发展，避免盲目兴建牌楼、楼阁、长廊和"堆砌盆景"等行为。因此，必须重新审视乡村文化，在内在层面上建立起乡村社会高度的文化自觉和自信，为新时代乡村振兴提供内在的动力和文化支持。

9.2.1　乡村文化的独特特质

乡村文化是农民在农业生产和生活的实践中逐渐积淀而成的，它是知识、制度、生活和生产等多方面的一种表现形式，是一种独具特色的农业社会文化，同时也是优秀传统文化的重要组成部分。因此，研究乡村文化对促进社会主义新农村建设具有重要意义。乡村文化的萌芽可以追溯到"熟人"社会，而血缘、地缘、家族等因素则是其形成的主要媒介，同时，"人情""礼""颜面""道德""村规民约"等乡村文化也是维系着乡村社会的重要元素，既有物质层面的，也有精神层面的。乡村文化具有地域性和民族性，其发展与变迁受自然环境及社会制度的影响。尽管乡村地域广袤，但不同地域的文化却呈现出相似的特征，如习俗、语言、价值观、信仰、规范、治理方式等，这些皆为地方文化的广泛积淀，也是华夏文明的本质特征。乡村文化的多样性与地域性特征使其具有鲜明的独特性和丰富的内涵。因为每个人所处的生活环境、历史演变、社会结构、地域、民族、民俗和建筑都具有独特的文化特征。

（1）乡村文化在时空维度上呈现出独有的特征

乡村地区所孕育的文化，因其高度的空间封闭性、相对较低的流动性以及强烈的时空限制而形成。这种封闭特性导致乡村文化缺乏与城市文化交流的机会和渠道，而乡村又处于一种相对开放的环境之中。传统的农业社会呈现出一种以人际关系为核心的、相对不太活跃的"熟人"社会形态。这种社会结构决定着人们对乡土的依恋和情感，进而又影响到农民对于自身生存空间的选择。所以说，乡村的绝大部分人口都居住在这块土地之上，他们对土地有着深厚的感情，对土地充满着依恋之情。他们日出而作，日落而息，毕生奉献于这片土地，无论身处何方，总是怀揣回归故里的渴望，这种对故土的依恋之情，就是所谓的"乡情"。

（2）乡村文化之间存在着紧密而深刻的联系

乡村文化是一种以人与人之间的内在纽带为核心的文化互动关系。乡村文化具有乡土性，地域性，民族性等特点，这些特性使之成为人们精神上的寄托，对促进农民素质提高发挥着重要作用。在乡村社会中，由于人口的流动和频繁的社交活动，居民之间的联系变得更加紧密，这种联系是建立在自然地理和血缘关系的基础上的。这就使得乡村的人际关系更为融洽，农民之间的信任程度更高。在乡村，人们彼此之间的情感和道德水准已经在长期的农业生产和生活中得到了深刻的积累，这是一个典型的熟人社会，而这个社会也因其良好的人际关系而备受赞誉。因此，乡村的人际关系相对稳定。在河南的一些乡村中，存在着由多个小型亲族所组成的社区，每个小型亲族都拥有数十个家庭，这些家庭成员之间的联系紧密，人际交往广泛，相互帮助频繁，家庭关系相对稳定。他们的情感在闲暇时得到了更深层次的升华，因为他们参与了聊天、打牌、散步等活动，使得整个乡村社会中的农民之间建立了更加紧密的关系。这说明，乡村社会具有很强的人情味和亲和力。在乡村社会中，人情是一种稳定的纽带，它连接着亲戚和朋友之间的情感，而这些情感交织和重叠，使得农户之间的联系变得十分紧密。这种人际关系网络在很大程度上决定着乡村社会变迁的速度以及方向。

（3）乡村文化的内外秩序

乡村社会是由无数个农民个体所构成的，而乡村文化则是由这些个体所塑造的一种地域性文化现象。乡村文化作为一种亚文化形态，它对人们生活方式和行为模式有着巨大影响，并在很大程度上决定了农民个体及其家庭的发展方向。尽管乡村文化呈现出整体性，然而其内部却存在着一定的层级和距离结构，形成了一种复杂的层级关系。这种不同层次上的差异导致了乡村文化圈中各群体间交往方式及内容的巨大差别。著名社会学家费孝通指出，乡村社会呈现出一种独特的结构，人与人之间的互动就像水波一般，从个体内部向外扩散，由近及远。由于地域上的差异，人们对周围世界有着各自不同的理解，因此，他们在交往时，往往表现出明显的差异性。由于农民的亲缘关系紧密，导致他们在公共和私人之间存在着一些差异。这种差异使人们形成了一种相对稳定的心理格局——血缘圈或地缘圈，从而构成乡村社会群体生活的基本形态。在传统的乡村社会中，每个"家""房""家族"和"外人"这四个群体都被划分为"公"和"外"两个独立的领域。"公内私属"就是这个圈当中最重要的部分。在这个小乡村中，尽管每个人都是最基本的单元，但那些为了自己而牺牲家庭的人却寥寥无几，而那些为了家庭而牺牲自己的人则为众多。所以，如果没有一个强大的组织或群体，个人的力量就不可能发挥出来。在乡村，个人和家庭的力量都十分有限，因此他们需要依靠家族和村社集体的力量，以公共的力量来保障自己的生产和生活。这种情况下，如果出现了严重的自然灾害，那么村民们往往会联合起来为大家做一些力所能及的事情，以减轻灾害造成的损失。在面对某些灾难时，当一个人或一个家族无法解决问题时，一个家族或一个宗族便具备了更为强大的能力来解决问题。在这个过程中，个体的行为往往会受到群体的制约，并最终决定着整个乡村的命运。随着岁月的流逝，日常生活中的磨炼催生了集体主体的行动逻辑，使得家庭逐渐演变为一个规模较大、私人的单元，其兴衰与个人命运息息相关，从而形成了共同的文化和行为准则，进而塑造了乡村社会内部的秩序。

（4）乡村文化的价值观以道德为核心

在乡村社会中，维护社会秩序需要依靠法律、伦理道德和风俗习惯等多方面的支撑。其中，道德规范和习俗对人们的行为起着决定性作用。费孝通指出，中世纪的西方社会以宗教为基石，而现代的社会则以法律为基石，中国的社会则以道德为基础，以礼仪为基础，代替了传统的法律和风俗。在这种情况下，人们对"打官司"持反对态度，认为诉讼可以使当事人获得利益或惩罚。因此，在中国传统伦理的背景下，出现了一种社会现象，即"无讼"和"耻讼"，然而这种现象被视为教育不足，缺乏礼数知识，因此受到传统伦理的鄙视。梁漱溟认为，中国社会的根基在于道德，而道德秩序则是其运作的根本原则。在他看来，道德秩序是由许多相互关联、相互作用和相互依赖的因素构成的。人类的生存离不开一系列错综复杂的人际关系，这些关系构成了道德基础。所谓道德就是人们在日常交往中形成和发展起来的一种行为规范，道德行为模式。人与人之间的纽带，象征着一种相互依存的关系。道德也可以说是人们相互联系的纽带。人与人之间，已经建立起了一种紧密的纽带。就产生了伦理，形成了道德。一个人的成长过程中，他将在多个方面建立起一种或近或远的纽带，这种纽带将随着时间的推移而不断加强和扩展。这种联系就是家庭和社会。所有事物皆为人际关系，所有事物皆为道德规范，始于家庭，却又超越了家庭。因此，伦理是人类生活最基本的准则。乡村文化中的人际关系、家庭结构、血缘关系以及宗族秩序等多种因素相互作用，共同塑造了以伦理本位为基础的乡村社会。它使乡村成为一个相对稳定而有序的空间。农民的责任和义务、行为和价值在伦理本位的框架下得到了明确界定，并已融入人们的日常生活中，深深地扎根于他们的内心深处。

9.2.2　乡村文化转型

（1）乡村文化承载能力降低

随着城市化进程的不断加速，传统乡村的数量正在逐渐减少，尽管乡村作为乡村人口最多的聚集地，却也面临着日益严峻的挑战。同时，工业化和城镇化带来了大量新问题，如环境污染、生态恶化等。在城市化的进程中，一些地区过分强调工业的发展，导致了许多历史文化遗址的损毁，许多具有地方特色的乡村建筑消失殆尽，传统文化的承载者也随之消逝。同时，现代社会生活对乡土性和传统性产生巨大冲击，导致人们对乡土气息逐渐淡化甚至丧失兴趣，使乡村失去原有的魅力与价值。

（2）乡村文化建设主体性不足

乡村文化是农民在漫长的实践和探索中所孕育而生的，其中蕴含着丰富多彩的物质和精神文化。乡村文化作为一个民族传统文化的重要组成部分，对于促进社会主义精神文明建设有着非常重要的意义。然而，随着现代化和城市化进程的加速，越来越多的乡村劳动力离开了他们曾经长期居住的土地和故乡，导致他们的文化传承主体逐渐减少。相关资料显示，在进入城市从事劳动的农户中，年轻人占据了七成的比例，而五十岁以上的人则占据了两成。由于受城乡二元结构体制的影响，很多青壮年农民工远离了自己的土地，到城市里寻找工作或者创业，成为留守人群中一个特殊的社会群体——农民工。这一批人曾是农业生产和乡村文化建设的中流砥柱，他们不仅身体健康，而且具备文化自觉和文化自信，拥有极强的接纳、学习和判断能力，敢于迎接新的挑战，勇于探索新的领域。因此，作为传统农耕文明延续与发展的重要力量之一，他们有着强烈的文化认同意识和社会责任感，并能够积极承担起自己所肩负的历史使命。

（3）多元文化在乡村交织碰撞

乡村社会的文化内核正在从传统的封闭乡村向现代的开放乡村不断演变，逐渐从单一的乡村文化向多元化的文化形态转变。这种变迁是乡村社会结构变动与社会转型的反映，同时又反过来推动着这一进程。乡村社会中，现代文化以其独特的时代性、现代性和多样性为特征，迅速渗透并对原有的乡村文化产生了冲击，但并未被完全消除。乡村文化是一种相对独立而又复杂多样的社会群体所创造出来的独特文化形式，它既不是传统乡村文化的翻版，又不完全等同于传统乡村文化。为了在有限的土地和乡村环境中生存，乡村文化必须进行转型，以适应新的社会环境，因为相当数量的农民需要依赖乡村和土地来维持生计，这也是乡村文化根基的延续。

（4）农民价值观念和行为方式改变

随着乡村社会版图的扩张，外来文化逐渐渗透至乡村社会内部，对其产生了深刻的冲击，进而引发了乡村文化转型问题日益凸显。这些变化不仅反映到农民自身身上，也体现在乡村与城市居民之间。同时，随着农民进入城市，他们逐渐受到城市现代消费文化等现象的渗透和影响。随着经济条件的改善，农民也开始进入城市之中，并且有越来越多的人加入了城市居民当中。农民深受城市先进的生活方式和行为模式的影响，这种影响已经深刻地改变了他们的生活方式和行为方式。这些改变使得一部分农民失去了原来的乡土意识，而更多的是对现代文明的向往和追求。

9.2.3　乡村文化延续的路径

（1）保持乡土文化的真实性

无论是城市文化、工业文化还是消费文化，它们都是在乡村文化的熏陶下逐渐形成的。随着社会经济的发展，人们对于精神层面的需求越来越高，因此对传统文化的保护和弘扬就显得尤为重要。我国对于优秀传统文化的传承高度重视，特别是在乡村文化的传承方面，制定了多项政策以促进其发展，这些政策在推动优秀乡村文化传承的过程中发挥了积极的作用，并取得了显著的成效。随着经济水平的不断提高，人民生活质量得到显著提升。随着乡村文化的卓越号召力不断增强，其对于乡村以外的其他群体的吸引力也日益显著。在都市中，久居之人难以领略乡村的土地气息，无法领略乡村的纯真和美好，他们渴望回归自然的怀抱。在这个时候，乡村文化就可以成为一种精神寄托，让人回到生活当中去。乡村文化的本质品质直接影响着一些外出谋生的农民返乡创业、城里人在乡村安家落户以及一些企业在乡村发展的进程。乡村文化作为一种精神资源，对于提高农民素质有着重要意义，是实现城乡一体化发展的有效途径之一。无论是文化公司还是农业公司，都深刻认识到乡村文化的珍贵之处，因此他们积极探索乡村社会中的文化资源转化模式，如文化旅游、农业观光等，这些模式不仅推动了农民收入的增长，也促进了农业农村的发展。同时，乡村文化的传承与保护，也为城市经济注入新的活力，推动着城乡一体化的进程。

然而，在现代化的进程中，一些传统村落被拆除、重建、合并，在居住、交通、出行等多个方面，给农民带来了巨大的不便，这无疑违反了农民生活的天然、真实规律，农民不愿意接受这种生活方式。这种现状使农民失去了对乡土文化的认同感和归属感。此外，企业在挖掘乡村文化资源时，过于专注于商业化运营，虽然其具备时尚和流行的特质，但其生命力却缺乏活力，这也损害了乡村文化的本质。乡村文化是一个民族历史文化积淀而成的具有独特风格与特征的文化体系，是一个地区或国家的灵魂所在。因此，在保护和传承乡村文化的过程中，必须尊重其固有的本质，不能简单地套用千篇一律、一成不变的文化构建方式，因为这种方式与乡村文化的现实脱节，简单地复制和粘贴是无法实现其价值传承的。对于乡土文化的生态特性，应该给予足够的重视，并且积极传承和弘扬，这样才能让它在传承和发展中焕发出蓬勃生机和迷人魅力。

（2）树立社会文化意识

乡村文化意识乃是一种觉醒，一种自我反思，一种深刻认知的状态。这种文化意识的产生有其深刻的历史原因。在不同文化之间发生冲突的过程中，人们逐渐形成了一种文化自觉，这种自觉不仅是对自身文化的一种认知，更是对文化差异的持续深入理解和区分。乡村文化自觉的核心就是农民文化的现代化问题，它是农民文化适应新时代要求的一个重要体现。唯有加强农民文化自觉的社会观念，方能使其在现代文化冲击下，自觉维护自身文化，践行自身价值观和行为准则，坚守处世之道。同时，农民也需要在现代化发展的进程中实现自我角色的转换。文化自觉是一个国家、民族实现现代化过程中不可忽视的重要因素，以文化自觉为基础，人民坚持新乡村文化和其中所包含的秩序准则，逐步向其他群体传递这些意识，推动其接受和认同乡村文化，从而在全社会形成高度文化自觉（韩马明，2022）。

（3）提倡多元文化的共存

现代文化并非仅仅是传统文化被新文化所压制，也不是乡村被城市所吞噬，它更多地体现了多元文化的共存和繁荣。随着城镇化进程加快，我国的传统文化面临着前所未有的冲击与挑战。在城市化的进程中，必须注重将传统与现代相融合，特别是要积极将乡村文化融入现代文化之中，创新文化传播的形式和媒介，积极地融入现代化社会。在这样的情况下，必须充分意识到乡村文化对城市文化建设的重要影响。当代社会的进步需要将乡村文化中的积极元素融入其中，以此作为现代文化的基石，从而实现两者的协同发展和互补。必须重视对乡村文化资源的挖掘，以发挥其在文化传承和经济发展方面的双重作用。乡村文化元素可以通过多种方式被应用到现代的生产活动当中去，它所孕育的文化产业，具有极强的生命力，对于乡村产业的转型、农民的增收以及区域经济的发展都产生了深远的影响，它与生活和自然息息相关，能唤起人们内心深处的乡愁情感，促使人们更加珍视大自然的存在。因此，在乡村振兴战略中，应该把乡村文化资源作为一种重要的生产要素来加以开发。

（4）激发乡村文化建设的内在动力

随着社会主要矛盾的演变，人们对美好生活的期待日益增加，乡村文化的自然纯真成为新时代人们需求的一部分，这也引起了更多人对乡村文化重建的关注。随着经济的快速发展，人们越来越重视生活质量和精神享受，这为乡村文化的复兴带来巨大机遇。因此，必须抓住这个机遇，加强对乡村文化的内在发展，以期在当代社会快速变化的背景下，对其进行传承和创新。必须深刻认识到当前乡村文化的转型特征、结构和存在的问题，掌握乡村文化的运作规律，激发乡村文化建设主体的积极性，从而形成一种可持续推进乡村文化建设的内在活力。从这个意义上说，只有真正实现"以人为本"，才能更好地推动新乡村文化建设。乡村文化的创造者和传承者不仅是农民，更是服务对象和文化资源的使用者。农民的主体性决定了其对于乡村文化有着重要影响，而农民主体性的增强又会进一步推动乡村文化的进步与发展。因此，在推进新乡村建设的过程中，必须充分发挥农民的主体作用，激发他们积极参与新乡村建设的热情。

参考文献

曹旭，2022. 农村基础设施和公共服务 [J]. 农村实用技术（6）：41-42，45.

程宇昌，张家焘，2021. 乡村振兴视域下历史文化遗产的保护及路径探析：以吴城镇望湖亭为例 [J]. 南昌工程学院学报，40（5）：48-53.

冯旭，王凯，毛其智，等，2022. 国土空间规划体系下的乡村空间规划方法：基于规划与治理的一体化视角 [J]. 城市规划，46（11）：21-31.

高坊洪，唐雪凡，2014. 国外区位理论与实践对我国村镇规划与建设的启示 [J]. 九江职业技术学院学报（4）：79-81.

郭晓炜，赵子辉，薛育佳，2022. 传统民居改造建筑设计策略 [J]. 砖瓦（8）：69-71，74.

韩传龙，黄丽艳，2017. 宿州市新型农村社区公共服务设施配置问题与对策 [J]. 宿州学院学报，32（8）：1-4.

韩马明，2022. 传承创新农村优秀传统文化推动乡村文化振兴 [J]. 农家参谋（7）：13-15.

侯晓乐，2019. 乡村旅游开发中历史文化遗产保护的探究 [J]. 旅游纵览（下半月）（14）：179-180.

黄春华，王玮，2009. 新农村建设背景下乡村景观规划的生态设计 [J]. 南华大学学报（自然科学版），23（3）：93-98.

黄克俭，张旭，黄子坤，2022. 浅析中国传统民居绿色节能技术

［J］．四川建材，48（11）：10-12，15．

贾丹凤，2023．国土空间规划体系下乡村规划居民点用地空间布局优化研究：以无锡市鹅湖镇鹅湖村片区规划为例［J］．住宅产业（2）：41-43．

贾泽楠，杨永胜，2019．县域乡村振兴规划调研工作的路径与方法初探［J］．建筑与文化（6）：159-161．

李兵，2018．乡村振兴战略下乡村人口与建设用地管控刍议：以福建省为例［J］．福建建筑（4）：8-12．

刘金梁，袁天凤，2014．探索乡村人居环境规划的核心理念［J］．四川建筑，34（2）：41-43．

刘世芳，2022．新型城镇化背景下乡村产业与景观环境生态分析［J］．美与时代（城市版）（10）：126-128．

刘彦利，2022．国土空间规划体系下实用性乡村规划编制：以壶关县小山南村为例［J］．华北自然资源（5）：131-134．

马小英，2011．新农村背景下的乡村人居环境规划研究［J］．现代农业科技（8）：396-397．

祁作峰，2019．乡村规划设计路径探索［J］．城乡建设（9）：45-46．

仇传辉，2020．历史文化名村景观遗产保护的探讨［J］．建材与装饰（5）：65-67．

宋贵青，2023．乡村振兴背景下农村生态环境治理困境及对策［J］．合作经济与科技（12）：170-172．

苏启，2021．乡村振兴中乡村产业发展规划的思考［J］．农村·农业·农民（B版）（12）：22-23．

孙雪茹，宁革妮，2019．乡村振兴战略背景下乡村规划编制的思路及方法［J］．中国标准化（18）：112-113．

谭庆扬，卢丹梅，2018．珠三角农村产业发展与空间布局关系研究

[J]. 小城镇建设, 36 (8)：74-81.

王炳春, 2020. 浅论乡村调研的方法和技巧 [J]. 农场经济管理 (11)：21-23.

王荣国, 2008. 浅谈乡村规划应把握的原则 [J]. 科技资讯 (15)：250.

王闻萱, 王丹, 2023. 新时代扎实推动乡村生态振兴的三维论析 [J]. 中共山西省委党校学报, 46 (2)：52-58.

王子龙, 2022. 乡村振兴背景下农村生态景观规划设计研究 [J]. 房地产世界 (16)：10-12.

魏延安, 2022. 融合乡村产业　激活县域商业 [J]. 中国信息界 (2)：39-41.

杨瑾, 鄢金明, 杨红, 2022. 内生发展理念下传统村落保护与振兴路径探究 [J]. 城乡规划 (2)：39-50.

杨云飞, 2020. 美丽乡村建设中道路规划设计分析 [J]. 运输经理世界 (13)：110-111.

于潇倩, 2011. 乡村生态旅游景观规划设计原则初探 [J]. 长治学院学报, 28 (6)：25-27.

张达雄, 2020. 基于国土空间体系下乡村发展布局规划研究：以莆田市湄洲湾北岸经济开发区为例 [J]. 江西建材 (10)：207-208, 210.

张晓丽, 2019. 论乡村振兴战略下城市近郊农村的产业发展模式 [J]. 中国商论 (5)：210-212.

赵红玲, 2021. 城乡规划设计中的美丽乡村规划 [J]. 中国建筑金属结构 (2)：138-139.

赵明, 陈宇, 2013. 基于乡村社会调研的城乡统筹规划探讨：以湖南省长沙县城乡一体化规划为例 [J]. 小城镇建设 (12)：46-51.

周之澄，刘宇萌，徐媛媛，2022. 乡村公共设施演进历程及设计研究进展 [J]. 江苏农业科学，50（15）：14-22.

宗仁，2023. "以人民为中心"的乡村整治撤并之路：基于对南京市乡村现状的调研和关于乡村国土空间规划编制的思考 [J]. 现代城市研究（4）：103-107，119.

附　　录

案例一：河北省秦皇岛市昌黎县十里铺乡西山场村乡村振兴示范村建设规划方案

1　规划总则

1.1　规划背景

乡村振兴是党的十九大提出的重要战略。乡村振兴战略是关系全面建设社会主义现代化国家的全局性、历史性任务，是新时代"三农"工作总抓手。2021 年十三届全国人大常委会第二十八次会议通过了《中华人民共和国乡村振兴促进法》，为乡村振兴提供了法律依据。2022 年 11 月，中共中央办公厅、国务院办公厅发布了《乡村振兴责任制实施办法》，坚持中央统筹、省负总责、市县乡抓落实的乡村振兴工作机制。党的二十大明确提出，扎实推动乡村产业、人才、文化、生态、组织振兴，建设宜居宜业和美乡村。

河北省委、省政府对乡村振兴战略实施非常重视。《关于做好 2022 年全面推进乡村振兴重点工作的实施意见》用 8 章 39 条对河北省乡村振兴工作进行了全面部署。2022 年 9 月河北省人大常委会通过了《河北省乡村振兴促进条例》，对河北省乡村振兴工作用法律形式进行了规范。2023 年 6 月 19 日，王正谱省长在省政府党组学习会上指出，要学习运用好"千万工程"经验所蕴含的立场、观点和方法，扎实全面推进乡村振兴，尊重民意，稳扎稳打，分阶段、分步骤抓好乡村产业、环境整治、城乡融合、乡村治理和示范创建，加快建设宜居宜业和美乡村。

河北省农林科学院是河北省"农业科技创新高地，现代农业高端智库"。作为科技兴农生力军，党的号召就是我们的行动指南，法律义务就是我们义不容辞的责任。为贯彻落实中央和省委、省政府关于实施乡村振兴战略的决策部署和工作要求，充分发挥我院科技、人才优势，于 2022 年启动了"科技引领乡村振兴示范村建设"工作，主要思路是，按照乡村振兴目标要求，遵循规划先行、科技引领、突出特色、打造样板和发挥科研与地方两个积极性原则，经与地方政府联系对接，决定在昌黎县西山场村建设"科技引领型乡村振兴"示范样板。

1.2　规划范围

西山场村位于十里铺乡政府驻地北 6 千米处。东隔牛心山与长峪山村相望，南隔大莲坨山、小莲坨山与条子峪村相邻，西与湾里村接壤，北隔大平顶山与卢龙县鲍子沟毗邻。西山场村村域规划范围为 11 825.1 亩，为本次乡村振兴规划的规划范围。村庄建设规划范围为现状村址，与《昌黎县土地利用总体规划（2010—2020 年）》确定的本村村庄建设用地范围相一致。

1.3　规划期限

近期规划 2023—2025 年，远期规划 2026—2030 年。

1.4　规划原则

科技引领，规划先行。规划先行布局，突出科技引领乡村振兴，科

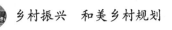 

技培育企业及农业人才，创新未来。

因地制宜，合理布局。立足村内现状，因地制宜地发展葡萄产业及相关休闲旅游产业新业态，合理布局产业，深入挖掘潜力资源，带动整个区域经济发展。

延续文脉，突出特色。延续村庄原有的文化，景观风貌，建筑格局，周边的山地风貌、民俗风情，突出村庄红色文化和山地景观脉络。

生态第一，共融共生。以保护村落自然生态为前提，体现人与自然和谐共生场景。

1.5　规划依据

(1)《中共中央　国务院关于实施乡村振兴战略的意见》(2018 年中央一号文件)

(2)《中共中央　国务院关于打赢脱贫攻坚战三年行动的指导意见》

(3)《美丽乡村建设指南》(GB/T 32000—2015)

(4)《乡村振兴战略规划》

(5)《昌黎县总体规划》

(6)《昌黎县城市总体规划》(2011—2030 年)

(7)《红酒产业聚集区总体规划》

(8)《秦皇岛碣石山连片美丽乡村总体规划设计》

(9)《十里铺乡土地利用总体规划》

2　现状研究

西山场村位于昌黎县城西北 7.2 千米十里铺乡境内，碣石山的北部，是曹操东临碣石，以观沧海中碣石山的背风坡。东与两山乡长峪山村相邻，南接条子峪，西至湾里，北与卢龙、抚宁县接壤，地处三县交界处。总面积 11 825.1 亩，早期经济以农业为主，主要种植葡萄及果树。20 世纪 90 年代中期开始发展乡村旅游业，是葡萄沟景区的核心区域。

"葡萄沟"的美名是 20 世纪 90 年代初期传开的。当时，到昌黎县挂职担任副县长的中国科学院地理研究所高级工程师战文权，一见到西山场的葡萄沟，当即惊呼这是祖国北方沿海地区难寻的葡萄沟，其景其情丝毫也不亚于新疆的葡萄沟。至此，西山场人才恍然大悟，身在葡萄沟，却长期不识葡萄沟难能可贵的生态旅游观光价值，葡萄沟的美名不翼而飞，引来了八方游客。从 1992 年起，每到葡萄挂满枝头的季节，葡萄沟就成了中外游人集聚之地。随着"葡萄沟"的知名度不断提升，每年到这里观光的游客已经多达四五万人。

2.1　区位交通

西山场村位于昌黎县城西北部，距昌黎县城大约 7.2 千米。位于十里铺乡政府驻地北 6 千米处。通过景区路与昌卢公路、205 国道相接，交通便利。

2.2　自然条件

气候特征：西山场村属于暖温带半湿润大陆性气候，四季分明，季风显著，日照充足，气温较高，降水充沛，无霜期长，0℃以上年积温超过 4 300℃，年平均降水量 712.7 毫米，主要集中于 7 月和 8 月。同时受小地形影响，具有明显的小峡谷气候特点。冬无严寒，平均温度 -4.3℃，夏无酷暑，平均温度 24.3℃，雨热同季，气候宜人。村庄南部的大沙河属于饮马河支沟，水源为降水和基岩裂隙泉水，常年流水不断。

地形地貌：西山场村地处碣石山西部浅山区，为低山丘陵地貌，海拔 200~600 米，位于西界的最高峰老绝顶海拔 591 米。该村土壤以棕壤、褐土为主，山上植被以草本、灌木为主，山谷中植被茂密，主要树种为山杏、山楂、栗子、柿子、核桃、黑枣等，其中大面积的葡萄不仅是村民的主要经济作物，而且构成了葡萄沟景区核心旅游资源。

土地资源：西山场村村域面积共 11 825.1 亩，以山地为主，其中村庄面积 200 亩，耕地面积 165 亩，山地面积 11 460.1 亩，主要作物为葡萄。

自然景观资源：葡萄沟核心区位于西山场村内。占地面积 9 000余亩，葡萄种植面积 2 000 亩，为全国农业旅游示范点、国家 AAA 级旅游景区、河北省 30 家乡村旅游景点之一。葡萄沟存有百年葡萄秧。八仙台坐落于西山场村北山坡，其中一块巨大、平坦的天然花岗岩平铺如炕，被乡民称为"大石炕"。"大石炕"上有八块或立或卧的小型巨石，恰似八位神态各异的神仙在这里饮酒品果，谈笑风生，故人称"八仙台"。空中草原"大平顶"，由八仙台顺一条凿有石阶的山间小道攀缘上行，就可爬上大平顶南端。大平顶上宽敞、平坦，土质肥沃。每到夏季就长满齐腰深的山草，绿油油地连成一片，颇有草原的情调与风韵，形成了一个天造地设的"空中草原"。

历史文化资源：休粮寺又名上水岩寺，藏匿在碣石山老绝顶顶峰前高高的坡台上，现仅剩有遗址。此外，寺院旧址西偏北有一座"宝塔"遗址。至今有两通保存得比较完好的石碑，一通为《重修道者山休粮寺禅林寺碑记》，系明朝正德十年（1515 年）刻，另一通石碑为"大明国嘉靖四十五年正月十五立钟"碑，系休粮寺重修 51 年后立一新钟的碑记。马奶子葡萄树王和玫瑰香葡萄树王都已经有一百年以上的历史了，到现在仍旧枝繁叶茂，给人们创造着财富。

红色文化资源：红色文化遗址有《救国报》的收报台遗址、八路军报社电台遗址、凤凰山抗日根据地等。西山场赵家老宅系碣石山区保存完好的典型传统民房，约建于清朝道光、咸丰年间，2008 年 10

月 23 日，赵家老宅被河北省人民政府列为河北省第五批省级文物保护单位。

2.3　社会经济条件

西山场村共 155 户、462 人（常住人口 345 人），党员 13 人，其中本科学历 1 人，大专学历 1 人，高中（中专）学历 4 人，初中及以下学历 7 人。村民代表 21 人。村"两委"干部 5 人，平均年龄 46 岁，其中大专学历 1 人，高中（中专）学历 3 人，初中学历 1 人。村"两委"班子各职齐全，年龄结构梯次明显，班子成员都能够各司其职、各尽其责，工作积极扎实，成员之间团结和谐，有较强的凝聚力和战斗力，群众威信较高。村庄有电子商务服务站 1 处，面积 20 平方米，安排专业服务人员 1 名，店内有电商服务流程，网购设施设备完善。村民服务和游客中心 480 平方米。休闲活动广场 2 300 平方米。"两委"办公室、村民活动室、村史馆、农家书屋、健身场地、小型停车场等服务设施齐全。村中心广场设有电动汽车充电桩 4 个，休息亭子 1 座。

2.4　产业现状

葡萄种植经济效益：依山傍谷，屋前檐下，山溪两侧，坡上崖下，满山的葡萄，400 多年来自然形成葡萄长廊。除传统葡萄品种玫瑰香外，近年来引进包括红提、美人指、蓝宝石、阳光玫瑰等优良品种重点培育，葡萄年产量达 250 万斤（1 斤 = 0.5 千克），葡萄产值达到 1 000 万元。

特色农家乐：游客在欣赏葡萄长廊、亲手采摘葡萄的同时，还可以享受本地特色农家乐服务。全村有 55 家乡村民宿和农家饭庄，年游客接待量达到 30 余万人次，年人均纯收入达 2.1 万元。农产品特色集市和特色超市，每年为村集体增加收入 6 万元左右。

红酒酿造：鼓励葡萄酒产业联合作业，打破同质竞争，实现全乡抱团取暖。在培育好 3 家红酒企业、8 家酒堡的基础上，大力扶持小规模、大群体的联户型酿酒加工作坊。目前，全乡已经注册的酿酒葡萄专业合作社达 20 余家。加强优质酿酒葡萄基地建设，以做大做强葡萄酒产业为抓手，以耿氏酒堡为龙头，积极鼓励农民兴办家庭式酒堡庄园。不断加强合作社服务体系建设，充实完善合作社服务功能，从种植、管理、加工、销售多方位搞好服务，形成较为成熟的红酒加工产业链。近年来，引进了龙灏酒庄、茅台凤凰酒庄等重量级企业，有效提升了红酒产业品质，丰富了红酒产业内涵。

乡村旅游：依托黄金海岸、碣石国家公园知识馆、四产院落、商业街、矿坑公园、幸福广场、百年树王、观景平台等重要休闲旅游景点，沐浴海风、惊险滑沙、品农家饭、赏葡萄文化、步山场花海、小憩葡萄架下，不断强化景区宣传推介力度。景区内天桥柱、云峰寺、赵家老宅、八仙台、大平顶、焦家山八路军电台遗址等数十处自然和人文景观交相辉映。依托逐年提高的知名度、美誉度，景区先后获评"全国农业旅游示范点""国家 AAA 级旅游景区""全国休闲农业 4 星单位""中国美丽休闲乡村""中国葡萄酒文化生活示范基地""秦皇岛市科普小镇"等荣誉称号，"葡萄小镇"两次登上央视新闻频道直播平台。截至 2022 年，民宿数量达到 150 家，景区年最高游客接待量达 53 万人次。

2.5　人居环境现状

建筑分布分散，树脂瓦坡屋顶 48 户，真石漆墙体 41 户；沿主要道路木栅栏及墙体美化。完成道路硬化 6 500 平方米，道路硬化率 100%，道路为水泥路面；安装太阳能路灯 120 余盏，实现了街巷全部亮化。受地理条件所限，实施了集中供水和分散供水相结合的方案落实安全饮水工程。集中供水机井 1 眼，可供 125 户饮水；铺设自来水管道 2 000 米，实现了入户率 100% 的目标。所有机井通过了防疫部门的检验，水质符

合国家饮水标准。采取了集中+分散模式收集处理污水，建设集中污水
处理终端1处，铺设污水处理管网2 000延长米；分户处理43户；全村
污水处理入网率达到100%。采用双瓮漏斗式改造厕所87个，农户改厕
率100%；新建公厕2个。实现了保洁公司管理农村垃圾机制，垃圾收
集清运及时；在县、乡妇联的组织安排下，实现了常态化美丽庭院创建
活动，各家各户庭院卫生状况得到了根本改变。目前，各家各户使用液
化气，大部分安装了太阳能热水器。主街道安装了天然气管道，待天然
气连接到该村便可以通往各户；共安装清洁炉具87套，减少了燃煤的
消耗。

2.6　科技支撑

河北省农林科学院昌黎果树研究所是一家以应用技术研究为主的省
级专业技术科研单位，主要开展苹果、梨、葡萄、桃、板栗、甜樱桃等
树种的资源创新、遗传育种、优质丰产栽培技术、绿色病虫防治技术、
果品保鲜技术等方面的研究与应用，为全省的果树产业发展提供技术支
撑与服务。

现有在职职工96人。有科技人员69人，其中研究员19人、副研
究员9人；博士4人、硕士29人。常年承担国家、省部级科研课题40
项左右。20多年来，已获各级各类奖励100项次，其中国家级奖励8
项，选育果树新品种20余个。在国际、国内核心专业期刊上发表相关
原始研究论文20余篇，SCI检索收录原始研究论文20余篇。并撰写出
版了《河北果树志》《河北苹果志》《河北果树》等具有学术价值的专
著。研究室有专业研究人员5人，其中具有研究员资格2人，助理研究
员资格3人；硕士学位3人，本科2人；国家葡萄产业技术体系岗位专
家1人。主要从事葡萄种质资源评价利用，鲜食葡萄新品种选育及高效
优质葡萄栽培技术研究工作。现有杂交组合27个，杂交苗4.1万株。
按照育种目标：果粒重量8克以上，可溶性固形物16%以上，脆肉或具

玫瑰香味，已获得复选优系 12 个；已通过葡萄现代产业技术体系平台进行区试。保存葡萄砧木资源 40 个。育成三倍体葡萄新品种 3 个，已在全国葡萄产区栽培应用。

2.7　SWOT 分析

优势：主要作物为葡萄，葡萄产业特色突出；森林覆盖面积占 71%，生态环境优势明显；55 家民宿和农家饭庄，民宿集群成型。

劣势：集体经济薄弱，产业发展规划不足，特色文化宣传不够，产品缺乏品牌培育。

机遇：乡村振兴战略的全面推进，秦皇岛市组织部共建乡村振兴示范村，上级政府的有力支持，河北省农林科学院昌黎果树研究所及其他部门作为技术上的有力支撑。

挑战：破解集体经济难题，产品的精优，一二三产业融合，推介宣传。

西山场村是优势与劣势并存，机会与挑战同在，必须进行战略选择和升级。围绕"葡萄特色产业"的品牌定位，突出"1+N"的发展方向（即一个葡萄沟和粮食基础产业、文化体验、观光旅游、避暑养生、采摘休闲、研学活动等），依托乡村、森林、红色文化、民俗文化等特色资源，深化农村"三变"改革，全力打造葡萄沟新亮点，以产业振兴、人才振兴、文化振兴、生态振兴、组织振兴五大振兴内容为抓手，全力推进乡村振兴战略实施。

3　指导思想与发展目标

3.1　指导思想

以习近平新时代中国特色社会主义思想为引领，全面贯彻党中央、国务院和河北省委、省政府对乡村振兴工作的总体部署和工作安排，依托河北省农林科学院人才和技术优势，以产业发展为突破，对昌黎县西山场村农业产业发展、提高居民收入、人居条件与生态环境改善、乡村基础设施建设以及人才振兴、乡村治理和乡风文明进行全面规划，建设河北省乡村振兴样板村和示范村。

3.2　发展思路

整合西山场村资源优势，以农文旅融合为主线，突出鲜食葡萄、红酒酿造，树立以葡萄为主体的河北品牌产品。抓住葡萄文化、红色文化，增加设施葡萄采摘，建设葡萄相关产品展销中心。树立西山场文化品牌，挖掘生态旅游，突出民宿精品，打造特色旅游产品。推进人居环境改善，旅游线路完善，村庄绿化文明，河流生态环境和谐，将西山场村建设成市级乡村振兴示范村样板，实现"家家是民宿，院院种葡萄，人人都幸福，处处皆文化"的美丽愿景。

3.3　发展定位

打造"西北吐鲁番，东北西山场"葡萄沟，建设城乡融合生态宜居的乡村振兴示范村典范，成为冀东乡村文化生态旅游明珠。

3.4　发展目标

村两委按照"乡村全面振兴"要求的五振兴（产业振兴、人才振兴、文化振兴、生态振兴、组织振兴）精神，规划期限 2022—2030 年。乡村振兴规划目标如下。

（1）产业振兴目标

打造"1+N"绿色生产新模式，发展葡萄产业新链条，形成一二三产业融合发展新业态。建设葡萄科技示范基地 1 个，用地规模 30 亩；葡萄新品种展示基地 1 个，用地规模 15 亩；建设设施葡萄基地 1 个，用地规模 50 亩；建立 3 个风机发电。协助培育村旅游公司 1 家、村物业公司 1 家。建造展销中心 1 个，建筑面积 1 000 平方米。修复河道，通过设置橡胶坝分段蓄水，增加灵气。协助培育"西山场"品牌建设，助力推介宣传提升品牌影响力。完善休闲旅游配套设施，建设吃、住、行、游、购、娱一体化旅游示范村。形成以西山场为引领的昌黎县乃至秦皇岛市、河北省的休闲旅游线路。村集体年收益 2025 年达到 20 万元，2030 年达到 50 万元。农民人均支配年收入 2025 年达到 3 万元，2030 年达到 5 万元。

（2）生态振兴目标

西山场村将实现生活垃圾分类处理覆盖率 100%，生活污水治理覆盖率 100%，户用卫生厕所普及率 100%，葡萄枝蔓、畜禽养殖废弃物综合利用率 100%，农作物秸秆综合利用率 100%。实现村内污水、垃圾零排放，节水、节肥、节药等绿色生产技术覆盖率达 90% 以上。

（3）文化振兴目标

建设文化阅览室 1 个，宣传传统文化和农业科技知识；示范村总体道德文化水平显著提升。完善村图书馆，积极邀请专家捐赠书籍等资料充实图书馆馆藏量；完善提升村史馆。

（4）人才振兴目标

建设乡村振兴人才培养基地、产业教育实践基地。建立西山场村技术人才库，提供葡萄栽培管理技术、盆景制作、民宿农家乐经营等方面的技术。建立西山场村"乡贤榜""人才墙"，开展"文化讲堂"。每年举办大型科技培训或技术观摩会 2 场次，每年培养本村新型职业农民 20 名以上。本村农民就近就业率达到 80%。

（5）组织振兴目标

优化党员队伍结构，确保 2 年至少发展 1 名年轻党员。示范村治理能力与水平明显提升。以党支部为核心的"五位一体"村级组织建设得到巩固和提高。规范党员管理，注重从青壮年中培养发展党员。健全

村级自治体系，提升村级及村民自治能力。

4 空间布局

4.1 村域空间布局规划

空间布局形成"两核、两廊、两环、两基地、多节点"空间结构。"两核"指展销中心、村委会；"两廊"指绿廊（葡萄廊）、蓝廊（河流）；"两环"包括村旅游内环、生态山林旅游外环；"两基地"包括葡萄科技示范基地、葡萄新品种展示基地；"多节点"指赵家老宅、百年葡萄树王、滨水活动区、设施葡萄区、老绝顶登山区、红色文化研学区、太平顶露营体验区、神话文化观光区、风机发电。

4.2 村庄规划

一是通过村内的交通将村内景观节点赵家老宅、农家乐、民宿、葡萄王等连接在一起形成旅游内环，增加村民的就业机会，延长游客游玩时间，提升西山场村知名度和品牌效益。

二是打造"一水灵动、一果飘香"的廊道景观。

绿廊：即葡萄廊道，依托葡萄沟景观，在西山场的主要街道打造葡萄廊道，葡萄长廊顶上和两侧的枝叶既能够遮挡夏日骄阳，又增加游览的趣味性和身临其境的真实性；这条长廊兼顾交通、生产、观赏、遮阳等功能，既美观又实用。

蓝廊：即西山场村内穿越的河流，进行升级改造，恢复和改善河道的生态系统，打造成一条集游览观赏、钓鱼休闲、日常健身散步于一体的廊道，提供优美的景观环境，增加村民和游客的户外活动场地。

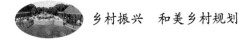

三是村庄规划服务中心规划村委会为行政中心，展销中心为经济中心。

展销中心：配套大型生态停车场，占地4亩。展销中心一楼大厅主要展示鲜食葡萄、葡萄酒、葡萄籽等产品。二楼展示葡萄的新品种、加工技术、葡萄历史渊源及相关知识，并配有专业讲解员讲解。

村委会：占地9亩，村委会建筑包含村委会办公室、村史馆、旅游服务中心等，在原有建筑基础上改善提升。

图1　展销中心效果图

四是重要节点打造包括赵家老宅、百年葡萄树王、滨水活动区、设施葡萄区、老绝顶登山区、红色文化研学区、太平顶露营体验区、神话文化观光区等民宿、文化、自然风光等。

图2　村庄重要节点规划图

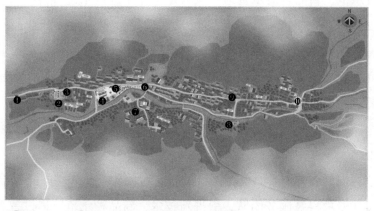

① 村庄入口　② 展览展销馆　③ 生态停车场　④ 村委会　⑤ 林下生态集市

⑥ 中心广场　⑦ 树王景观区　⑧ 滨水景观区　⑨ 赵家老宅　⑩ 交通广场

图3　村庄规划平面示意图

图4　村庄鸟瞰图

5　建设任务

5.1　产业振兴

（1）发展思路

依托葡萄+民宿+旅游资源（自然+红色文化+葡萄文化），建设葡萄科技示范、新品种展示基地、风力发电等先进技术进行科技引领，拓展"文化产业化、产业生态化"的发展思路，实施葡萄产业品质升级工程、休闲农业和乡村旅游亮点项目建设工程、加工增值工程、品牌市场树立工程，建设研学体验区、全域导览体系、全域绿道，倡导精品特品葡萄，生态智慧旅游，构建西山场村葡萄和乡村旅游全产业链，打造全村全域生态文化旅游，建成河北省最优葡萄品质和最美葡萄沟乡村旅游打卡地。

依托河北省农林科学院昌黎果树研究所等科研单位的长期合作关系，组建专项科技服务团队，引进新技术、新品种示范。通过智慧农业技术，节水、节本、增效新技术，葡萄绿色栽培模式、农业废弃物循环利用技术，葡萄加工新技术，为葡萄生产加工提供科技支撑。

依托昌黎县自然资源规划局空间规划和昌黎县发展和改革局，申报"千乡万村御风行动"项目，设计建立风力发电3个机位，每个20兆瓦，机位海拔380米左右。通过采用低噪声、高效率、智能化风电机组和技术风力发电等先进技术，实现与生态环境及农民生产生活环境的融合统一，增加村集体经济生态社会效益。

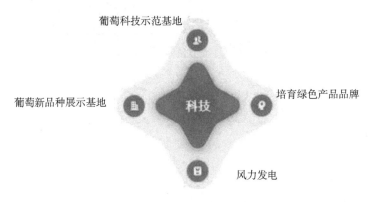

图5　村庄产业发展思路

（2）产业结构

针对西山场村产业发展的现状，对照"吃、住、行、游、购、娱"的乡村旅游六要素，西山场村已具有较高品质的吃、住、游、购要素，行、娱要素已有基础，但缺乏串联全域的廊道，避暑性旅游季节性强，基础、景观设施配套尚需进一步提升，留得住人，能满足全域全季游、购、娱的项目较为缺乏。因此，西山场村产业振兴以构建全域乡村旅游全链条为主，依托黄金海岸、精品民宿、葡萄树王等景点，沐浴海风、惊险滑沙、品农家饭、赏葡萄文化、步山场花海、小憩葡萄架下。完善"吃、住、行、游、购、娱"六大要素，增加游客体验度，4—10月避暑吃葡萄，11月至翌年1月登山观沧海，举杯会朋友。吃住农家乐，行游凤凰山，购娱在集市，全年可休闲。

（3）发展策略

一产规模化、精品化，与昌黎果树研究所、葡萄酒品牌合作，在现有产业基础上，强化庭院葡萄产业，扩大葡萄种植规模，与昌黎果树研究所合作，改良品种、提升品质、塑造"西山场葡萄"品牌。形成规模化葡萄农业产业，打响品牌。提升产品品质，集观光、休闲采摘等于一体，丰富一产产业内涵。二产延伸化、乡土化，农产品初加工、乡土产品变礼品，通过对葡萄等水果农产品分拣包装、初加工，开发乡土化的农业衍生产品，实现"产品—礼品"的升级。三产主题化、特色化，以颐养度假、休闲旅游为核心，做强一三产互动项目，优化特色民宿等新兴业态。依托葡萄园，打造葡萄酒庄园；依托现有河流发展垂钓休闲项目，依托乡土餐饮，打造美食商业街区。

（4）旅游线路组织

构建三条特色游线，铺筑乡村富民之路。红色文化线，利用红色文化旅游资源、建设红色文化体验及研学区、布局红色文化环线。紫色采摘线，以葡萄采摘为主题，串联各葡萄庭院及设施葡萄基地，形成紫色采摘环线。绿色观光线，利用自然风光、赵家老宅、葡萄树王、河流观光及村庄葡萄廊道形成绿色观光环线。

5.2　生态振兴

贯彻"绿水青山就是金山银山"的指导思想，落实西山场村"产业生态化"的发展思路，实施人居环境综合整治工程、生态保护工程，结合西山场村全域生态旅游的构建方向，打造全国生态振兴样板村。实施生态振兴项目后，西山场村将实现生活垃圾分类处理覆盖率100%，生活污水治理覆盖率100%，户用卫生厕所普及率100%，葡萄枝蔓、畜禽养殖废弃物综合利用率100%，农作物秸秆综合利用率100%，实现村内污水、垃圾零排放。

5.3　文化振兴

举办"一会一节"，即文明群英会、葡萄旅游节。开展六个活动，即鹊桥相会活动、红色文化情景剧和歌舞晚会活动、"葡萄品尝宴"活动、葡萄盆景艺术展销活动、吃住经营单位"五好"培训和督促检查活动、葡萄农耕文化园游园活动。完成三项工作，即策划指导工作、筹备建设工作、督促检查工作。办好九件事情，着力把村民广场整合统筹建设为新时代文明实践站的主阵地，着力办好每年"一节"，常态"一会"，通过"一会一节"贯彻落实"六讲六做"在西山场村落地生根、开花结果，着力在生态理念即文明实践"一会一节"普及大众化上下功夫，着力整合所有部门、社会和群众力量、资源为葡萄采摘旅游节加油助威，增光添彩。

5.4　人才振兴

实施乡村人才"领、引、育、用、留"工程，通过"产业发展引领、政策扶持吸引、培训培育、搭建平台、关心关怀"五个方面，着力打造一支懂农业、爱农村、爱农民的乡村人才队伍。主要措施如下。

以产业发展引领乡村人才振兴。围绕西山场村葡萄种植、乡村旅游等主导产业发展需求，大力培育、扶持产业振兴领头人，做大做强"葡萄品种体验""葡萄新技术示范""精品民宿""红色文化"等特色文化品牌，不断夯实乡村人才汇聚的产业基础。

政策扶持吸引乡村人才汇聚。构建人才下乡激励机制，坚持以人才政策激励回引乡村人才，促进中高级岗位重点向基层作出贡献人员倾斜。落实创业担保贷款、社保补贴等激励政策，不断优化乡村就业创业环境。

强化培训培育乡村人才队伍。积极实施职业技能提升行动，大力开展乡村旅游、民宿服务等特色职业工种培训，为西山场村乡村产业发展培育技能人才。

搭建平台用好乡村人才。打造西山场品牌，鼓励农村创业项目参与创业创新活动，挖掘并扶持农村创业典型。

关心关怀留住乡村人才，营造爱才敬才社会氛围，完善人才服务机制，落实教育、医疗等配套服务政策。强化农村基础设施建设，推进农村文化事业发展。

5.5　组织振兴

在村支"两委"的带动下，以党支部带头抓，党员带头干的组织振兴机制，通过"责任网、帮扶网、连心网"三张网，带动全村群众积极参与乡村振兴示范村建设。主要措施如下。

党建强村。认真贯彻执行《中国共产党农村基层组织工作条例》《中国共产党农村工作条例》，提升村党组织组织力，为乡村振兴提供政治和组织保证。优化村党组织设置，探索在村联合社、合作社等社会组织和经济组织中建立党支部，发挥党组织在村级集体经济发展、乡村治理中的战斗堡垒作用。选优配强村"两委"班子成员，注重从致富带头人、本土优秀大中专毕业生、复员退伍军人中培育上千名后备人才队伍。

后备干部队伍培育。加强党员日常教育管理，将13名党员分为3个小组，明确每名党员的岗位职责，分区负责各自区域的自治工作，充分发挥党员先锋模范作用。

6　重点工程

6.1　科技助力种植葡萄产业优化升级

目前葡萄品种以玫瑰香、巨峰、龙眼、美人指、玛奶为主，以其粒匀、色艳味鲜、硬度大、耐贮运等特点赢得八方游客青睐，产品销往京津冀各地。其主要特点是含糖量高，挂果时间长。但在品种、技术、管理、项目、市场等方面也存在些许问题，希望在科技助力下，让葡萄产业再上新台阶。

第一，依托昌黎果树研究所技术，建设葡萄科技示范基地和葡萄新品种展示基地，与中国农业大学合作，使技术更加先进、品种日益丰富、品质不断创优。

第二，与北京某公司、百果园集团、盒马生鲜集团等合作，形成种植、销售、物流一条龙服务。

第三，引进葡萄方面的科技人才，培训村内每一户有一位种植能手。

第四，组建葡萄标准化实施队伍，以农民专业合作社、科技示范户、专业户、葡萄种植大户为标准，推行体系为支撑，促进西山场村葡萄产业优化升级，提高产品市场竞争力和占有率。

第五，补贴种植户建立葡萄日光温室，培训农户学习设施栽培技术，提前葡萄的上市时间。建立冷藏室，延长销售时间。增加价格优势，提升经济效益。这样葡萄销售时间可以从4月开始，至10月结束。

重点项目：学习培训室、葡萄新技术示范基地和葡萄新品种展示基地、标准化服务中心、冷藏室、日光温室。

建设地址：在村委会设立学习培训室、标准化服务中心。在设施葡萄区建冷藏室和日光温室。

6.2　葡萄产业加工增值工程

结合西山场村的优势，挖掘葡萄产业的加工潜力，做好红酒酿造等深加工产品，探索制作特色销售产品，填补葡萄衍生深加工产业链，提升完善"购"的旅游元素。

重点项目：研发红酒、葡萄汁、葡萄籽油、花青素、葡萄果酱、精油香水、香皂、面霜、面膜等产品；探索葡萄盆景等特色产品。

建设地址：利用废弃宅基地建设研发研究院。

6.3　葡萄休闲农业旅游亮点项目工程

重点对庭院葡萄、山上旅游区进行品质改造提升，进一步完善道路、大门、停车位、标识标牌等基础设施，增加景观亭、廊、休闲座椅、景观小品等景观设施配套。通过全域景观道的打造，将村庄旅游、休闲农业和山上旅游项目串成一条旅游线路，结合村集体经济组织改革，规划全域葡萄人行绿道、精品葡萄科技示范园、红色文化研学、露营等项目。

重点项目：庭院改造提升、葡萄廊道改造提升、葡萄王景观改造提升、旅游服务中心改造提升和集市改造升级；村口增加村级大型生态停车场，展销中心大楼（含游客接待中心）、红色文化研学体验、太平顶露营区、登山道。

建设地址：村口建设大型生态停车场、展销中心大楼、遗址建研学体验、太平顶建露营区。

6.4　树立葡萄品牌市场工程

依托西山场村葡萄产业及新构建的深加工产品树立"河北省优质产品"；围绕西山场村精品民宿树立"秦皇岛市精品民宿示范村"的旅游品牌。打造葡萄、葡萄酒"西山场"优质品牌。

第一，定义葡萄产品的品牌基因，提升产品的品牌特性和识别性。

第二，周期性的品牌推广，让消费者记住品牌。利用社会媒介如电视、广播、微信、抖音、直播等将产品推向全国用户。

第三，对西山场做一个整体展示形象，设计西山场产品的 Logo、注册商标等。

重点项目：品牌培育。

6.5　壮大集体经济工程

集体经济提升工程。充分整合葡萄产业优势、文化优势、区位优势、乡村旅游优势等，完善村发展规划，合理确定村级集体经济发展模式，切实推进人居环境改善、文化艺术园建设、产业项目升级、集体经济组织培育等重点项目，实现村级集体经济稳中有升。

乡村物业管理公司。隶属于村股份经济联合社，统一管理、维护全村的公共环境卫生，保证人居环境整治效果。负责全村垃圾清理、收集污水、绿化等服务管理；村集体实施项目的规划建设、经营、管理；闲置房屋租赁与经营管理基础设施建设与维修服务等。

民宿专业合作社。对老房子区域现有房屋按民宿标准改造后，由村集体经济组织统一承租，引入社会资本进行经营或者由村集体经济组织引导农户进行民宿经营。同时整合西山场村所有民宿，总结经验，建立西山场村民宿标准，开展民宿经营培训。

"千乡万村驭风行动"项目。通过建设 3 座风电站，增加集体经济效益。

乡村旅游运营公司。村集体统揽全村乡村旅游项目，统一规划、建设、运营、管理，开展乡村旅游宣传，树立乡村旅游文化品牌。

创新村级治理结构工程。推行村民委员会事务和集体经济事务分离，抓好村党组织这个堡垒、群团组织这个助手、群众自治组织这个基础、农村集体经济组织这个纽带，构建形成村党组织领导下的村级治理结构。实行"四议两公开"工作法，充分发挥村务监督委员会作用，对集体经济组织的运营管理进行监督。

6.6　人居环境综合整治工程

西山场村已经完成厕所改造、美丽乡村规划编制、村容村貌提升工程。

贯彻落实中央部署的"6+3"行动："6"即中央部署的农村"厕所革命"、农村生活污水治理、农村生活垃圾治理、村容村貌整治提升、农业废弃物资源化利用、乡村规划，"3"则是地方提出的村民良好卫生习惯养成、建设和管护机制、保障措施。

西山场重点目标：农业废弃物资源化利用。

农业废弃物资源化利用治理思路：河北省农林科学院经济作物研究所拥有农业微生物发酵技术，邀请该所专家针对村庄产生的葡萄枝蔓、秸秆等农业废弃物，指导建设有机肥厂。基于循环农业理念，将苗木枝条与有机垃圾等协同处理，同时将高品质有机肥用于葡萄苗木的种植。针对家禽散养影响村容村貌等问题，每户配备标准化鸡圈、鸭圈。通过"秸秆发酵床+好氧堆肥"模式处理养殖粪污。该处理模式是在标准化圈舍下方铺设秸秆等垫料层，加快畜禽粪污的肥料化进程，有效改善房前屋后的生态环境。治理目标：畜禽养殖废弃物综合利用率100%。

7　投资估算与效益预测

7.1　投资估算

　　资金筹措包括各级政府投资政府主导类项目61 223.4万元（90%），主要用于基础设施、风电工程、公共服务、村容村貌提升工程、乡村生活污水梯次治理工程、设施大棚、文化振兴、组织振兴、人才振兴等工程。各类市场主体投资市场主导类项目6 802.6万元（10%），用于民宿提升、旅游节点等工程。

表1　投资估算

序号	工程内容	投资估算（万元）
1	产业振兴（包含风电项目建设成本、设备成本、运营和维护成本）	11 500+18 000×3
2	生态振兴	2 500
3	组织振兴	6
4	文化振兴	60
5	人才振兴	20
总计		68 026

7.2　效益预测

　　（1）社会效益

　　为乡村振兴建立示范样板。科技引领乡村振兴示范村的建立，可以带动昌黎县、秦皇岛市和河北省同类型乡村振兴的实施，加快全省乡村振兴和农业现代化建设步伐。

　　解决农村劳动力就业。开展的对农家院及民宿经营者、职业农民培训，可拉动相关行业的发展，为周边地区农民创造大量的就业机会，很大程度上解决农村剩余劳动力的就业问题。带动本村及周边村劳动力就地就业初步估算200人，每人每年增加打工收入6万元，年增加社会收益1 200万元，提高农民生活水平。

增加农民的文化生活和精神满足。乡村振兴规划实施，以西山场村为中心的休闲采摘与周边红色文化、民俗文化和绿色旅游景点相结合，促进乡村旅游、乡村文化、特色产业等的发展，丰富农村社会的内涵，增加农民的文化生活和精神满足。

（2）生态效益

山林生态保护。注重山体生态林的保护与涵养，水土流失治理面积大大减少，保护绿水青山，营造山区自然生态景观。

小气候改善。项目实施完成后，村庄小气候得到明显的调节和改善，河水、大气污染得到控制，地下水得到补充，改善沟道河流的水土条件，使景观条件更加优越，为进一步发展乡村旅游产业打下良好基础。

农业生态环境改善。通过实施一批农业生态环境保护与治理、农业资源节约利用、农业绿色发展等项目，促进冀东地区生态环境不断改善，生态系统功能得到有效恢复和增强。农业资源利用方式加快转变，注重在村庄运用环境友好型生产技术，科学合理规划布局各功能区，建设污水、垃圾处理设施和农业投入品废弃包装物、废弃农膜回收处理，畜禽的粪便经过无害化处理，作为有机肥料还原农田、旱地，将大幅度减少化肥的使用量，从而防止土地质量恶化，并通过示范推广功能促进周边农村采用生态友好型环保技术进行生产，减少环境污染，保护生态环境，从而改善当地农村环境质量。

（3）经济效益

表 2　经济效益估算

序号	项目名称	单位	规模	单位增值效益（元）	说明	项目年效益（万元）
1	设施葡萄增值	亩	50	181 904	亩产葡萄 3 000 千克，60 元/千克，共增值 900 万元	900
2	休闲农业和乡村旅游增值	人	100 000	50	按每人消费 100 元，获利 50 元计算	500
3	品牌增值	人	200 000	20	按每人可获利 20 元计算	400
4	集体经济增值	人	462	1 082	集体年收入增加 50 万元	50
5	研学增值	人	5 000	800	按每人每期 800 元计算	400
6	风电增值	台	20 MW	200 000 000	2 万度电×0.5 元/度电×2 000 小时	60 000
合计						62 250

8　保障措施

8.1　强化组织领导

县委、县政府成立西山场村乡村振兴示范村工作领导小组，县委书记任组长，副县长任副组长，相关部门负责人为成员，配齐配强人员，西山场村负责推进乡村振兴的具体工作。将西山场村乡村振兴示范村建设纳入县实施乡村振兴战略重点工作考核。相关部门要加强对村委的指导和考核，要发挥各自职责，整合配套相关政策和资金，合力推进西山场村乡村振兴示范村建设。村委要高度重视，建立相应的组织协调机制，切实做好西山场村乡村振兴示范村建设的组织、协调、推进工作。

8.2　强化资金保障

完善资金投入机制，吸引更多的社会资金进入西山场村乡村振兴示范村建设。首先构建渠道广泛的融资平台，建立多元化投入机制，形成以财政投入为导向，扩大招商引资，积极引导社会资本等其他外来资本投入，形成多渠道、多主体、多形式的多元化投入格局。其次在资金使用方面，成立专项资金管理部门，严格管理并控制资金的使用，加强监督，确保资金使用到位。

8.3　动员社会参与

开展广泛的宣传和动员，吸引社会资本参与西山场村乡村振兴建设项目的建设和运行。同时动员相关企事业单位、社会组织和个人捐资捐物或结对帮扶，倡导新乡贤回乡参与乡村振兴。

8.4　强化宣传引导

全区充分运用广播、电视、报刊、网络等多种媒体，大力宣传西山场村乡村振兴示范建设的成果，及时总结推广西山场村乡村振兴建设的先进经验、典型事迹和技术模式，努力营造全民支持、全民参与乡村振兴的良好社会氛围。

8.5　创新机制，壮大集体经济

建立集体经济奖励激励机制，实行村干部绩效报酬与集体经济发展效益挂钩。

对村集体废弃厂房、闲置房屋、闲置养殖场（舍）、闲置中小学校等资产资源，采取整治、改造、建设等方式，引进社会资本、经营人才参与农村集体资产资源租赁经营，发展物业经济、养老事业，使农村集体资产保值增值。

案例二：河北省衡水市阜城县后八丈村
乡村振兴示范村建设规划方案

1 规划背景

1.1 中央政策背景

乡村振兴是习近平总书记在党的十九大报告中提出的重要战略举措。党的十九大报告明确指出，农业、农村、农民问题是关系国计民生的根本性问题，必须始终把解决好"三农"问题作为全党工作的重中之重。乡村振兴战略是关系全面建设社会主义现代化国家的全局性、历史性任务，是新时代"三农"工作总抓手。中共中央、国务院连续发布中央一号文件，对新发展阶段优先发展农业农村，全面推进乡村振兴作出具体部署。明确指出，坚持农业农村优先发展，按照产业兴旺、生态宜居、乡风文明、治理有效、生活富裕的总要求，建立健全城乡融合发展体制机制和政策体系，统筹推进农村经济建设、政治建设、文化建设、生态文明建设和党的建设，加快推进乡村治理体系和治理能力现代化。

党的二十大明确提出，要全面推动乡村振兴，坚持农业农村优先发展，坚持城乡融合发展，畅通城乡要素流动，加快建设农业强国，扎实推动乡村产业、人才、文化、生态、组织振兴。统筹乡村基础设施和公共服务布局，建设宜居宜业和美乡村。

2021年十三届全国人大常委会第二十八次会议通过了《中华人民共和国乡村振兴促进法》。首次以法律形式，对各级人民政府实施乡村振兴战略进行了规范要求，提出了建立有利于农民收入稳定增长的机制和永久基本农田保护制度、生态保护和生态赔偿等机制，为乡村振兴提供了法律依据。

2022 年 11 月，中共中央办公厅、国务院办公厅发布了《乡村振兴责任制实施办法》，坚持中央统筹、省负总责、市县乡抓落实的乡村振兴工作机制，以责任落实机制为主牵引，明确了乡村振兴组织推动、社会动员、要素保障、考核评价、工作报告、监督检查等一揽子推进机制，有助于推动形成全党全社会合力促振兴的工作格局，对确保乡村振兴扎实稳妥推进具有重要意义。

1.2　河北省具体部署

河北省委、省政府《关于做好 2022 年全面推进乡村振兴重点工作的实施意见》用 8 章 39 条对河北省乡村振兴工作进行了全面部署。相关内容如下。

强化"菜篮子"市长负责制，保障畜禽、蔬菜等农副产品供给。实施种业振兴工程，开展 16 项新品种培育攻关，布局建设 14 个种业集群。新建高标准农田 360 万亩，确保粮食总产 740 亿斤以上。

要持续推进奶业振兴，做强精品蔬菜、优质生猪等 15 个特色优势产业集群，全省农产品加工业总产值达到 7 200 亿元以上。打造 100 个现代农业示范园区。新发展农民合作社省级示范社 300 家、家庭农场 4 000 家、农业生产托管服务组织 1 000 家。

要深化乡村建设行动。新建改建农村户厕 70 万座。完成 700 万农村居民生活水源江水置换。抓好"四好农村路"示范县创建，建设改造农村公路 7 000 千米以上。新建美丽乡村 2 000 个，打造省级乡村振兴示范区 15 个。

要加强改进乡村治理。健全"五位一体"村级组织体系。创建省级民主法治示范村（社区）300 个。加强农村文化建设，开展文明村镇、文明家庭创建，推进移风易俗，培育文明乡风、良好家风、淳朴民风。

2022 年 9 月河北省人大常委会表决通过了《河北省乡村振兴促进条例》，对河北省乡村振兴工作通过法律形式进行了规范。

1.3　学习"千万工程"经验，推动河北省宜居宜业和美乡村建设

"千万工程"是习近平总书记在浙江工作期间亲自谋划、亲自部署、亲自推动的一项重大决策。20 年来，历届浙江省委、省政府一张蓝图绘到底，从"千村示范、万村整治"到"千村精品、万村美丽"再到"千村未来、万村共富"，探索出一条以农村人居环境整治小切口推动乡村全面振兴的科学路径，造就了万千美丽乡村，造福了万千农民群众。2023 年 5 月 26 日，农业农村部发出通知，要求深入学习浙江"千万工程"经验。

2023 年 6 月 19 日，河北省省长王正谱在省政府党组学习会上指出，要学习运用好"千万工程"经验案例所蕴含的立场、观点、方法，扎实全面推进乡村振兴，尊重民意，稳扎稳打，分阶段、分步骤抓好乡村产业、环境整治、城乡融合、乡村治理和示范创建，加快建设宜居宜业和美乡村。

1.4　河北省农林科学院建设科技引领乡村振兴示范村

河北省农林科学院是河北省"农业科技创新高地，现代农业高端智库"。作为科技兴农生力军，党的号召就是我们的行动指南，法律义务就是我们义不容辞的责任。河北省农林科学院按照党中央和河北省委关于实施乡村振兴战略的要求和部署，2022 年启动了科技引领乡村振兴示范村建设工作，全院在河北省选择了有代表性的五个行政村，按照乡村振兴的目标要求，发挥本单位农业科研人才集聚和农业技术储备优势，遵循规划先行、科技引领、突出特色、打造样板的思路，与地方政府紧密结合，建设科技引领型乡村振兴示范样板。阜城县漫河乡后八丈村就是其中之一。

2　后八丈村现状分析

2.1　阜城县区位

阜城县是河北省衡水市下辖县，位于河北省东南部，衡水市东北部，属黑龙港流域，总面积697平方千米，东部隔南运河与东光县相望，北部与泊头接壤，西部与武邑县毗邻，南部与景县相连。阜城县北距北京240千米，距天津210千米，西距石家庄180千米，东距黄骅港110千米、济南150千米。富德公路贯穿南北，武马、陵霞路横跨东西。

2.2　阜城县概况

漫河镇位于阜城县城南9千米，区域总面积6 780公顷，耕地面积3 671公顷，人均耕地0.122公顷。漫河镇辖38个行政村，10 242户，总人口3万余人。

漫河镇积极发展现代农业，一是发展优势产业西甜瓜，新增小拱棚西瓜6 500亩。二是花生、高粱等经济作物试种扩面。义和庄村在衡水老白干集团的协助下，与山东鲁花集团对接，试种"鲁花19"花生150亩。赛马庄等3个村试种高粱350亩。三是结合阜城湖公园开发，重点打造了占地1 000亩的倪庄林业园区，进一步改善阜城湖公园周边环境。四是谋划打造许家铺长青藤现代农业园区，在原产业基础上，整合利用许家铺旧村址复耕土地，积极申报市级现代农业园区。

2.3　漫河镇特色农产品

"漫河西瓜"是河北省衡水市阜城县特产，全国农产品地理标志产品。漫河西瓜种植历史悠久，据传清朝雍正年间已有种植。漫河西瓜生产区域多为砂壤质土，速效钾、有效铜、有效铁、有效锰等元素丰富，具有得天独厚的自然优势和区位优势。浅层及深层淡水丰富，生产区域内地处暖温带，为半干旱大陆性季风气候，四季分明，雨量少而集中，雨热同季。生产季节光照充足，热量充沛，雨量适中，有利于漫河西瓜生长。漫河西瓜瓤色鲜红，肉质脆沙无空洞、纤维少、不倒瓤，口感清脆爽口。

2.4　后八丈村区位交通分析

河北省衡水市阜城县漫河镇后八丈村位于阜城县城以南，漫河镇西北 5 千米，历史上是优质西瓜、甜瓜的传统产地，产业特色鲜明。规划建设的邯郸到黄骅高速公路和邯黄铁路从这里穿过，东侧紧邻339 国道，位居黄河故道、漳卫河冲积沙地区，古称"千顷洼"的边缘，干旱、易碱、易涝。历史上后八丈村是优质西瓜、甜瓜的传统产地。

2.5　后八丈村自然条件分析

后八丈村地处黄河故道、漳卫河冲积沙地区，古称"千顷洼"的边缘，干旱、易碱、易涝。大面积的西甜瓜是村民种植的主要经济作物。后八丈村地处暖温带，为半干旱大陆性季风气候，四季分明，雨量少而集中，雨热同季。生产季节光照充足，热量充沛，雨量适中，有利于漫河西瓜生长。

后八丈村周围旅游景点丰富，旅游景区有古城镇、阜城湖公园、阜城长安公园、民营企业园、千顷洼公园、城市中心广场、阜城文庙大成殿等。后八丈村紧邻阜城湖公园、森林公园。纪念抗日英雄回民支队队长马本斋的本斋纪念园就位于森林公园之中。村庄占地面积 517.3 亩，其中林地坑塘面积 65.8 亩。耕地面积 2 536.9 亩。土地多为砂壤质土，速效钾、有效铜、有效铁、有效锰等元素丰富，浅层及深层淡水丰富，具有得天独厚的自然优势和区位优势。

2.6 后八丈村社会经济现状

后八丈村有农户 466 户，总人口 1 356 人，常住人口 1 288 人、男女劳动力（16~65 岁）555 人。种植业以西甜瓜为主。村两委班子健全，其中党支部 5 人，村委会 5 人，有中共党员 45 人。

后八丈村是漫河西瓜的源头村，明朝永乐年间，张氏数家由河南渑池迁此定居，开始西甜瓜种植。现西瓜种植面积 2 000 亩以上。依靠西瓜种植，该村人均纯收入由以前的不足 3 000 元，发展到 2021 年的人均 10 000 余元。

2.7 后八丈村产业现状

2011 年 12 月 20 日，农业部批准对河北省衡水市阜城县特产"漫河西瓜"实施农产品地理标志登记保护。

阜城县丰源瓜菜种植农民专业合作社位于八丈村。是集名特优农产品生产、瓜菜种植加工、配送为一体的农业科技型龙头企业。现有社员 318 户，成员 25 人，生产面积 3 287 亩，现有培训教室 200 平方米。认证绿色食品西甜瓜 2 287 亩，辐射带动周边 9 个村，年销售额 2 000 万元以上。合作社成立以来，始终坚持以生产高质量、高品质、安全可靠的产品为核心，以服务成员为纽带，以带动农民增收为宗旨，在服务中求发展，在发展中增实力，走出了一条自我发展、自我积累、成员与合作社双赢的发展之路。实现了农超对接、订单生产、定向销售的发展模式。

2022 年着手建设占地 180 亩的生态西甜瓜示范园区，核心区主要建设有设施农业区、采摘区和管理服务区。示范推广区主要建设内容为标准化日光温室区、春秋棚种植区、3 000 平方米的育苗场。生态西甜瓜示范园区将成为集生产加工研发、科技示范、休闲观光、物流配送、服务管理、多位一体的现代化农业示范区。

丰源瓜菜合作社始终把发展瓜菜产业作为主导产业，主动赴省城邀请专家、引进新品种、推广新技术，提升瓜菜品质，瓜菜生产规模不断扩大。2021年，合作社与北京新发地签订了三年共200万吨的礼品西瓜订单合同，与深圳百果园公司签订了200万吨西甜瓜种植合同。获评2016年衡水市扶贫龙头企业、衡水市农民合作社示范社、全国质量月诚信推荐企业，河北质量诚信AAA品牌企业。2021年河北广播电台"冀有好物"栏目授予该合作社"严选好物"荣誉证书。湘漳干渠以北为后八丈村主要粮食生产基地，主要种植小麦、玉米，村内零散布局着村民的蔬菜用地。

2.8 后八丈村人居环境现状

道路硬化和厕所改造已经完成。村内配套公共设施有卫生室、村民活动广场、西瓜广场、便利店、电商点、饭店、金融服务中心、直播间等。给水管网基本完成，污水、排水设施不足。村庄内坑塘和环境卫生有待提升。建筑形式沿主干道光明路比较统一，沿街墙面美化宣传做得比较好，村内部建筑多种多样，色彩比较随性，新老建筑毗邻而建，对比强烈。缺乏旅游配套设施。

3 规划指导思想与发展目标

3.1 指导思想

阜城县后八丈村乡村振兴规划的指导思想是，以习近平新时代中国特色社会主义思想为引领，全面贯彻党中央、国务院和河北省委、省政府对乡村振兴工作的总体部署和工作安排，依托河北省农林科学院人才和技术优势，以产业发展为突破，对后八丈村农业产业发展、提高居民收入、人居条件与生态环境改善、乡村基础设施建设以及人才振兴、乡村治理和乡风文明进行全面规划，建设河北省乡村振兴样板村和示范村。

3.2　规划原则

科技引领原则。规划坚持依靠科技进步，依托河北省农林科学院技术和人才、信息优势，在种植业发展上，注重新品种、新技术的引进、示范和推广。种植最新的品种，采用最先进的技术，购置最先进的智能化农机，生产优质、高效、绿色农产品。将科技引领贯穿于村庄基础设施建设、村庄绿化美化和村域全面发展的全过程中。

因地制宜原则。规划坚持因地制宜，充分利用后八丈村农业自然资源优势，遵循自然和历史选择，将优势产业做大做强。围绕优势产业布局提高经济效益和村民收入。规划遵循阜城县和漫河镇上位规划，坚持不突破基本农田、生态建设和村镇建设红线。

系统推进原则。规划注重村庄整体发展，将农业产业、基础设施建设、村庄绿化美化和村民自治、村风文明整体编制。通过河北省农林科学院农业科技引领与阜城县有关部门和漫河乡紧密配合，统筹使用政府投入的乡村振兴资金，整体推进后八丈村庄规划落实，实现系统推进。

适度超前原则。规划充分考虑我国经济建设和社会发展进入新阶段，政府资金、资源优先投入农村的利好政策和阜城县社会经济发展现状，坚持适度超前，高标准规划，以发挥样板和示范作用，引领全省乡村振兴发展。

3.3　规划目标

农业产业发展实现新提升。后八丈村在稳定粮食生产的前提下，以西甜瓜生产为主导的农业产业实现规模与效益再提升。到 2025 年形成稳定的产业布局，实现产前、产中、产后服务配套。

农民收入实现新提高。依靠产业发展，农民收入稳步提高，到2025 年实现人均收入 2 万元，2030 年实现人均收入 3 万元。

农业生产条件实现大改善。通过基本农田建设，提升耕地土壤质量，改善农田排灌条件，做到涝能排、旱能灌。提高农业机械化水平，完善田间道路，路网建设实现新跨越。

绿色发展取得新成效。乡村能源结构、农业节约用水、村庄绿化美化获得新发展，农业废弃物全部实行循环利用。

基础设施建设实现新跃升。村庄道路、田间道路全部硬化，自来水全部入户、污水排放和处理规范化，供电、燃气、通信进村入户，能源结构优化。完善村级服务体系，公交进村、快递入户、超市下乡、农产品出村便利化。

大幅度改善居住环境。规范街道卫生和宅基地管理，拆除所有坍塌的土墙旧宅，集中建设用地，发展农业特色产业仓储用地，建设村民服务中心、学习培训基地和村民活动场地。

发展和壮大集体经济。村集体通过在合作社入股分红、运营有机肥厂、冷库出租方式、旅游采摘等途径，逐步提高集体经济收入，到2025 年实现年收入 80 万元，到 2030 年实现年收入 100 万元以上。到2025 年村集体收入实现每年 80 万元，到 2030 年实现每年 100 万元以上。

村级组织建设。村级组织建设得到巩固和提高，规范党员管理，注重从青壮年中发展党员，健全村级自治体系，提升村级及村民自治能力。

乡村文明得到新提高。村民文化素质、科技素质实现新跃升，勤劳致富、尊老爱幼、互助互学蔚然成风，党员的模范带头作用得到充分发挥。

3.4 规划期限

本次规划期限为 2022—2025 年完善基础，建成体系。2026—2030年整体提升，实现目标。

4 空间布局

空间布局特点：两轴、四区、多节点。两轴为主轴线光明路、景观轴河道；四区指设施西甜瓜产业区、粮食种植区、露地西甜瓜产业区、生活居住区；多节点包括村委会、村民活动中心广场、养老院、幼儿园、西瓜广场、金融中心、现代阳光温室、有机肥厂、冷藏库。

5 建设任务

5.1 产业振兴

在全村 2 647.4 亩农业用地上，进一步优化产业布局。规划产业发展模式为 "1+n" 模式，1 是主导产业，即后八丈村优势产业西甜瓜产业。n 包括粮食、蔬菜、休闲采摘和观光旅游。发展理念是将主导产业西甜瓜产业做大做强、做精做细。充分发挥优势，实施一个产业独大策略。其余产业为尊重村民意愿，保证自给自足。

河北省农林科学院经济作物研究所始建于 1958 年，是专门从事蔬菜和药用植物种质资源挖掘、遗传育种、栽培生理、育种技术和方法、绿色生产技术（工艺）和设施园艺工程等应用技术研究，为社会提供科学技术服务及其他相关公益服务的公益一类事业单位。所内设有 3 个管理科室，9 个研究室，编制 70 人，现有职工 57 人，其中研究员 21人，博士 10 人，硕士 20 人，国务院政府特殊津贴专家 5 人，河北省管优秀专家 1 人，河北省突出贡献专家 6 人，河北省政府特殊津贴专家 4 人，河北省"三三三人才工程"二层次人才 2 人，研究所先后建立了 4 个国家和省级科研平台，拥有各种类型的温室、网室、人工气候室等 12.5 公顷。科技支撑团队带头人武彦荣为河北省农林科学院经济作物研究所瓜类室主任，国务院政府特殊津贴专家，河北省政府特殊津贴专家，石家庄市管拔尖人才，河北省优秀科技工作者，河北省巾帼建功标兵，河北省五一巾帼标兵，河北省蔬菜学会理事。培育瓜菜优良新品种 16 个，获河北省科技进步奖一等奖；制定地方标准 12 项，瓜菜间套轮作模式 15 种，获河北省农业技术推广合作奖一等奖。

（1）优化产业布局

在全村 2 536.9 亩农田用地上，进一步优化产业布局，做好四项工作。第一，扩大主导产业西甜瓜种植规模，全面提升种植技术和整体经济效益。在现有 2 000 亩的基础上，到 2025 年西甜瓜种植规模发展到 2 200 亩。设施栽培占地 1 500 亩，露地栽培占地 700 亩，其中露地栽培下茬种植夏玉米。第二，稳定 336.9 亩冬小麦+夏玉米粮食生产，依托旱作农业研究所，引进新品种、推广新技术，稳定提高粮食生产能力，增加粮食生产效益。第三，林地保持稳定，适当发展林下经济，提高效益。第四，在现有村庄用地的条件下，通过落实一户一宅宅基地政策，拆除残墙破壁、废除废弃圈舍，腾出建设用地，作为集体资产，投资建设冷链仓库和西甜瓜深加工产业，延长产业链条，提高经济效益。

（2）做大做强主导产业——西甜瓜产业

近年来，以河北省农林科学院作为技术依托单位，聘请河北省农林科学院经济作物研究所专家武彦荣团队进行技术指导，引进了蜜蜂授粉、膜下滴灌和智能大棚监测等新设备、新技术，在稳定京欣、甜王等优势西甜瓜品种的基础上，又引进了景黄宝、玉菇、玉玲珑、红香秀、L600、秦彩一号等新品种。

发展西甜瓜产业，做好七件重点工作。第一，对现有温室大棚进行升级改造，在合作社西侧建设现代化阳光温室两座，每座占地6亩。第二，依托阜城丰源合作社实施计划性工厂化育苗，推广嫁接苗，增强抗逆性，提高品质和产量，通过工厂化育苗推广应用西甜瓜新品种。第三，推广应用西甜瓜现代化管理技术，发展节水灌溉、膜下灌溉、水肥一体化技术和熊蜂授粉技术，提高西甜瓜产品质量，提升"漫河西瓜"品牌效益和产业发展水平。第四，通过西甜瓜品种成熟期搭配和设施栽培，延长西甜瓜上市时间，提高销售业绩。第五，在现有合作社东侧建设西甜瓜冷藏库，解决西甜瓜成熟期集中，上市时间短的问题，延长西甜瓜产业链，提高西甜瓜效益。通过冷库租赁，实现一部分集体收入。规划一期建设600平方米冷藏库，根据产业发展需要，再扩大建设规模。第六，拓宽西甜瓜经销渠道，利用漫河镇339国道东侧建设的西甜瓜交易市场，做好西甜瓜批发零售业务，巩固和提高面向京津冀和全国瓜果市场，稳定大客户，拓展新客户。依靠年轻人，积极发展电子商务，研发新型包装，面向全国销售高端西甜瓜。积极发展西甜瓜休闲采摘。第七，办好西瓜节，扩大社会影响力。对现有西瓜广场和西甜瓜展览室进行提升改造，在全面提升西甜瓜产业的同时，办好西甜瓜节，扩大漫河西瓜的社会影响力，促进西甜瓜产业健康发展。

（3）提高粮食和园地效益

一方面，引进最新优质高产小麦、玉米新品种，推广应用节本增效技术，提高粮食生产的品质和产量，增加村民收益。另一方面，通过河北省农林科学院经济作物研究所，引进蔬菜新品种和新技术，扩大集中种植规模，满足村民蔬菜消费需求，提高园地的产量和效益。

（4）发展休闲采摘和观光旅游产业

一方面，依托西甜瓜产业基础，指定设施和露地栽培区域组织休闲采摘。立足实际，充分发挥西甜瓜特色资源优势，以设施和露地西甜瓜为依托，积极探索集采摘、休闲于一体的田园游，助推一产和多产深度融合，努力拓宽农业增值增效空间，引导和带动更多群众在产业发展中找到金饭碗，助力乡村全面振兴。另一方面，利用光明路景观大道和村东水系发展旅游观光农业。以进村交通干道光明路为主线，村东水系为辅线，作为乡村旅游的观光景观两条线，结合西甜瓜休闲采摘，融合发展现代休闲观光农业和乡村旅游，全力打造"生态休闲游"旅游品牌，吸引游客，推动发展观光、休闲采摘一体化的产业。

（5）发展循环农业，实施绿色生产

一方面，采用生态种植，持续推进投入品减量化、废弃物资源化，下决心改变资源过度开发、要素大量投入的发展模式。实施一控两减生态种植。另一方面，农业废弃物肥料化利用。河北省农林科学院经济作物研究所拥有农业微生物发酵技术，邀请专家指导，在村民活动广场东侧利用现有大坑建设有机肥工厂，将大量农业废弃物如秸秆、秧蔓肥料化利用。有机肥料厂由集体运营，对全村瓜蔓和其他农业废弃物实行零成本回收，彻底改善后八丈村农业生产生活环境，实现有机肥当家和化肥农药减量使用，提高西甜瓜和其他农产品的品质。

5.2 人居环境改善

在现有农村基础设施建设快速发展的基础上，持续推进公路进村、街道及田间道路硬化、电力通信、电视网络入户，饮水安全自来水进家，街道亮化，村庄环境卫生改造、厕所革命，以及村庄绿化美化。办好村庄整治、农田排灌系统建设和绿化美化三件大事。

（1）村庄整治

按照河北省乡村建设要求，首先要做好违建和历史形成的不规范的厕所、猪圈、羊圈的拆除和清理，完成卫生厕所改造。严格执行国家政策，按照一户一宅要求，规范宅基地管理，清退拆除私搭乱建，街道按房屋调整，逐步理顺。形成以进村光明路为干线、新村委会—村民广场为核心的街道体系。

（2）排灌系统建设

以完善农田灌溉、排涝系统和改善后八丈村人居环境为目的，村庄东侧建设景观水系，为雨季村内道路排水和农田积水外排创造条件。水系建设与坑塘修复利用统一规划、设计，考虑蓄水、排水、用水、排污四项功能，用足、用好国家基本农田建设政策，充分考虑机械化生产和运输、采摘需要，路网、林网建设同步设计、同步安排，建设成连片高标准基本农田，为西甜瓜和其他高档农产品生产奠定基础。

（3）实施美化绿化

结合农田和道路林网建设，对村庄实施绿化、美化工程，乔冠草花结合，合理布设休闲采摘标识和小品，配置公共厕所、休憩处和小绿地公园。沿东侧水系建设健身步道，进行绿化美化，打造成为村民休闲场所和旅游休闲采摘观光景点。努力发展农业休闲采摘，将后八丈村建设成为阜城县西甜瓜采摘和农业旅游主要景点。

5.3　文明幸福村庄建设

（1）文化振兴

大力推进农村公共文化服务体系建设。新建文化馆，充分发掘、展示和弘扬乡土文化。组织筹划西瓜文化宣传展示等活动，激发群众参与热情。加强精神文明建设，开展五好家庭评选、劳动能手竞赛、瓜王评选、致富标兵评选以及好儿媳、好婆婆等评选活动，传承优良家风，组织青年志愿者开展助老、助残公益活动，弘扬文明进步新风。新建文化阅览室，作为村民学习知识的重要基地和平台。常态化开展图书捐赠、"微故事"宣讲、知识竞赛、"读书沙龙"等活动，激发群众学习的兴趣和热情。

（2）生态振兴

要保护耕地，提升质量。坚持推广秸秆返田与保护性耕作技术，实现种地与养地有机结合。大力推广生物防治，使用低残留农药和可降解塑料薄膜。推广使用喷灌、滴灌，杜绝漫灌，发展节水农业。发展循环农业，推进后八丈村西瓜藤蔓和生活垃圾综合治理。逐步建立有机肥厂，逐步完善农村生活垃圾处理，对各种废弃物实行市场化运作、减量化处理、资源化利用、数字化管理、法治化保障的工作机制。积极推进后八丈村生活污水治理。推进村庄绿化亮化，建设绿色生态村庄，在村庄主要街道两侧，村民活动广场、西瓜广场等重要场所安装照明设施。鼓励实施"电代煤""气代煤"的同时，推广生物质燃料。建立日常管理制度，初步构建起有制度、有标准、有队伍、有经费、有督查的农村人居环境管护长效机制。可以探索建立物业公司。

（3）人才振兴

坚持"走出去"与"引进来"相结合。围绕西甜瓜特色产业发展，鼓励村致富带头人到各地考察参观学习，积极引进投资企业，提升专业化合作社和创新型平台。全面高效落实青年人才普惠性政策，建立人才奖励机制，不断加大青年人才引进储备力度。加强乡村人才建设，打造完善的政策软环境，吸引人才到农业一线发展。为有意愿投身乡村振兴的人才搭建平台。加快本土人才培养，激发内生动力。根据产业发展需求，加大农业科技、互联网等方面的培训力度，推进乡村本土人才队伍建设。与学校联合开展"农村实用人才"培养计划，培养一批农业生产经营人才、农村二三产业发展人才、乡村公共服务人才、乡村治理人才，打造一支懂农业、爱农村的"新农人"队伍。

（4）组织振兴

建强基层组织，争创全国先进基层党组织。实现党的领导工作与农民群众自治良性互动。加强村民委员会、妇女委员会等基层组织建设，完善农村组织建设体系，做到事事有人抓、有人管。完善"一个核心、双线合力、三级管理"的党组织管理体系，即以村党小组为核心，以党员干部与村民双线合力，党小组、村民理事会、村委会三层管理的农村党组织结构，推进基层党组织全覆盖。推动村民参与乡村管理。通过搭建村民自治平台，建立激励机制，树立正确导向。引入农户集体参与管理，在村级协调议事中"唱主角"。借助村级群众自治平台，在基层组织和村庄中间搭建一个"连心桥"，逐步做到三事分流（私事不出庄、小事不出会、大事不出村）。

6　重点建设工程

以提升农业生产条件，全面提高农业及农村经济效益，提高村民收入和全面改善后八丈村人居环境为目标实施八大建设工程。

6.1　村东水系及坑塘利用排灌系统建设工程

以完善农田灌溉、排涝系统和改善后八丈村人居环境为目的，在村庄东侧建设景观水系，为雨季村内道路排水和农田积水外排创造条件。村东水系建设与坑塘修复利用统一规划、设计，考虑蓄水、排水、用水、排污四项功能。

6.2　基本农田及路网、林网建设工程

用足、用好国家基本农田建设政策，充分考虑机械化生产和运输、采摘需要，路网、林网建设同步设计、同步安排，建设成连片高标准基本农田，为西甜瓜和其他高档农产品生产奠定基础。

6.3　村民活动中心建设工程

在村庄南侧建设村民活动中心，包括以下功能：一是村级文化馆；二是村级卫生室；三是村民健身娱乐活动。

6.4　生活用水管网及污水处理建设工程

后八丈村现已实现供水管网配套，但污水排放和处理系统急需建设。供水系统完善和排放系统建设要统一规划建设。本村离县城近，漫城镇正在规划建设污水处理系统，未来考虑与漫城镇配套建设污水处理系统。

6.5　村庄整治及环境提升工程

按照河北省乡村建设要求，要做好违建和历史形成的不规范的厕所、猪圈、羊圈的拆除和清理，完成卫生厕所改造。利用国家政策，规范宅基地管理，拆除私搭乱建，街道按房屋调整，逐步理顺。为强化现代交通，规划建设形成以进村光明路为干线、新村委会—村民广场为核心的街道体系。

6.6　西甜瓜冷藏库及加工车间建设工程

与阜城县丰源瓜菜种植专业合作社联合，以提升西甜瓜贮藏条件，延长销售期为目标，村集体参股，在合作社东侧建设600平方米的冷藏库。以延长西甜瓜产业链为目标，以丰源瓜菜种植专业合作社为主体，投资建设西甜瓜产品深加工车间，提高西甜瓜产业整体效益。

6.7　农业废弃物循环利用工程

随着西甜瓜产业的发展，大量的废弃瓜蔓堆积，已形成污染。然而，瓜蔓及瓜叶又是很好的肥料资源。引进微生物发酵技术，将大量的瓜蔓瓜叶和其他农作物秸秆进行发酵处理，不仅可以解决农业废弃物污染问题，而且可以有效增加有机肥供给，提高土壤有机质，减少化肥使用量。有机肥厂建设可与坑塘改造工程结合，利用废弃坑塘进行秸秆发酵，生产有机肥。有机肥厂建设可引进资本，后八丈村集体以场地入股，拓展集体经济渠道。

6.8　绿化美化及观光旅游农业建设工程

结合农田和道路林网建设，对村庄实施绿化、美化工程，乔灌草花结合，合理布设休闲采摘标识和小品，配置公共厕所、休憩处和小绿地公园。努力发展农业休闲采摘，将后八丈村建设成为阜城县西甜瓜采摘的农业旅游主要景点。与村庄周围旅游景点结合，推动旅游休闲产业快速发展。

7　创新发展机制

合作社引领型发展模式。因地制宜，因势利导健全和完善发展机制是实施乡村振兴战略的有效措施。后八丈村现有阜城丰源瓜菜种植专业合作社基础较好，在发展机制上要突出村集体与合作社的联合与合作，在扶持合作社发展的同时，以场地、土地入股等形式，建立村集体经济发展途径，逐步扩大村集体在合作社的股份，增加村集体经济积累，努力实现村集体和合作社双赢。因此阜城县后八丈村乡村振兴的发展模式称为合作社引领型。在合作社引领型发展模式上，注重抓好四项工作。

7.1　加强组织领导

县乡人民政府注重对阜城丰源瓜菜种植专业合作社的发展加强组织领导，保证其享有国家支持农民专业合作社发展的扶持政策，从土地流转、金融贷款、农业保险多方面支持阜城丰源瓜菜种植专业合作社发展，鼓励合作社做大、做强，正确引导其在后八丈村乡村振兴发展事业中发挥好引领作用。

7.2 注重抓好乡村振兴工作与合作社发展的有效衔接

后八丈村党支部、村委会作为乡村振兴工作的责任主体，要主动抓好与阜城丰源瓜菜种植专业合作社的发展对接，统筹考虑和安排乡村振兴与合作社发展。合作社更要积极参加乡村振兴事业的全面工作，将合作社发展置身于乡村振兴事业大局中，以更广阔的视野拓宽发展领域，将带领村民致富作为合作社发展的责任与义务。

7.3 引导村民入社，扩大村民股份

要正确引导村民以资金、承包地等多种形式入股参加合作社，促使合作社的股份向广大村民开放，逐步扩大村民在合作社占股权和话语权，将合作社发展与村民致富形成共同利益链条。通过增资扩股，将合作社做大做强，反过来又促进村民参与合作社工作，促进合作社发展，形成良性循环。

7.4 村集体参与合作社建设，扩大集体资产积累

村集体要利用闲置土地和集体资产在合作社入股，扩大村集体在合作社的话语权，同时为合作社发展提供土地条件和发展空间。将合作社做大做强的同时，逐步扩大集体资产积累，壮大集体经济。要通过村庄整治，腾出发展空间，腾出建设用地，为合作社建设冷链仓库，发展西甜瓜深加工车间创造条件。

8 投资估算与效益预测

8.1 投资估算

以提升农业生产条件和全面改善后八丈村人居环境为目标，实施乡

村振兴工作的八大建设工程，资金投入是充分必要条件。

表1　投资估算

序号	工程名称	投资估算（万元）
1	环村水系与排灌工程	300
2	基本农田与路网工程	300
3	村民活动中心	180
4	生活用水和污水处理	200
5	村庄整治与环境提升	100
6	冷藏库与产品深加工	200
7	生物肥料厂工程	120
8	绿化美化休闲旅游	150
合计		1 550

8.2　投资途径

八项建设工程，需要投入资金1 550万元。资金筹措有以下几种途径。一是国家惠农政策性投入；二是村集体和村民利用土地或资产投入；三是阜城丰源瓜菜种植专业合作社资本投入；四是吸引乡贤或外来资本投入。

8.3　效益分析

经济效益。后八丈村通过实施乡村振兴规划，主导产业西甜瓜生产、加工与销售，每年可增加产值1 000万元，直接提高合作社与农民收入200万元。粮食生产、园地生产每年增加产值12万元，直接增加村民收入预计10万元。发展休闲采摘及观光旅游农业每年增收40万元。几项合计，每年可增加产值1 062万元，合作社与村民净收入提高

260 万元。村集体通过在合作社入股分红、运营有机肥厂、冷库出租、旅游采摘等途径，实现年收入 80 万元。到 2030 年实现年收入 100 万元以上。

社会效益。后八丈村乡村振兴规划全面落实，将有力带动阜城县漫河镇西甜瓜产业的全面发展，促进全县西甜瓜生产科技进步和产业提档升级。将会为市场提供更多更好的西甜瓜产品，提高居民生活水平。以后八丈村为中心的休闲采摘与周边红色和绿色旅游景点相结合，能够拉动居民旅游消费，促进居民生活水平提升。科技引领乡村振兴样板的建立，还可以带动阜城县、衡水市和河北省同类型区域乡村振兴的实施，加快全省乡村振兴和农业现代化建设步伐。

生态效益。后八丈村乡村振兴规划突出了人居环境改善，坚持了灌溉与排涝并重，更加注重了道路、林网建设和绿化美化，结合旅游休闲采摘发展，将全面提升生态效益。另外规划还注重了农药、化肥减量使用，农业废弃物资源化利用，实施规划必将大大改善生态环境，将后八丈村建设成天蓝、地绿、水清的宜居宜业和美乡村。

9 保障措施

9.1 加强组织领导

后八丈村科技引领型乡村振兴示范样板的建设工作，涉及河北省农林科学院和阜城县、漫河镇以及衡水市各级组织领导。首先要建立由阜城县和河北省农林科学院主管职能部门、经济作物研究所主要负责同志参加的领导小组，统筹规划与实施工作。争取政策与资金向示范村项目倾斜，确保建设资金筹集、技术措施落地，与地方上位规划衔接，使乡村振兴样板村建设工作尽快见实效，出亮点，打造成全省科技引领乡村振兴和现代农业建设的典型。

9.2　建立乡村振兴示范村项目工作实施小组

阜城县涉农部门、漫河镇政府、后八丈村两委班子和河北省农林科学院经济作物研究所、旱作农业研究所具体牵头负责项目实施的主要负责人参加，明确责任分工和完成时限。具体研究部署规划分步实施的办法，确保人力、物力和技术措施按时到位，脚踏实地将乡村振兴样板村建设好，出精品工程，出最佳效果。

9.3　调动建设项目主体——后八丈村村民的积极性

后八丈村村民是乡村振兴的主体，要将规划目标与实施意见详细向村民讲解，倾听村民的意见，采纳村民好的建议，使村民增强主人翁观念，对规划做到心知肚明，努力调动村民的积极性，增强村民的参与意识，配合意识。让村民参加工程建设，在建设过程中获得劳动收入。上下齐心，同舟共济，将后八丈村真正建设成全省乡村振兴的样板村。

9.4　加强监督考核，确保任务落实

在明确责任分工的基础上，领导小组要加强对规划落实和目标责任的监督考核。每年年初制订年度实施计划，明确实施内容、实施进度和时间要求，年中检查进度，解决存在的问题，年末对项目进展和完成情况进行考核评价，对完成好的组织和人员进行表彰奖励，对完成不好的通报批评，并追究责任。确保乡村振兴示范村建设按照规划和时限如期推进，到2025年完成全部建设任务，实现规划目标。打造成全省科技引领乡村振兴示范样板。

9.5　多元投入，落实经费

实施《科技引领乡村振兴示范村建设规划》，无论是先进科技推广、产业经济发展，还是农村生态环境、现代生活条件改善都需要大量

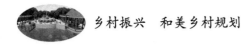

资金。要大力整合一般公共预算，完善涉农资金统筹整合长效机制，加大向示范村倾斜投入力度，提高财政资金使用效益。要坚持取之于农、主要用之于农的原则，按照国家有关规定调整完善土地使用权出让收入使用范围，提高用于乡村振兴投入比例。要认真落实《中华人民共和国乡村振兴促进法》规定的扶持政策，积极争取政府债券额度，大力优化营商环境，引导和撬动更多金融资金、社会资金用于规划实施。